Teubner Studienbücher

Biologie

Clarke: **Humangenetik und Medizin**
144 Seiten. DM 18,80

Dzwillo: **Prinzipien der Evolution**
Phylogenetik und Systematik. 152 Seiten. DM 26,80

Françon: **Physik für Biologen, Chemiker und Geologen**
Band 1: 208 Seiten. DM 19,80
Band 2: 171 Seiten. DM 18,80

Lockwood: **Membranen tierischer Zellen**
123 Seiten. DM 17,80

Mohr: **Biologische Erkenntnis**
Ihre Entstehung und Bedeutung. 221 Seiten. DM 26,80

Röhler: **Biologische Kybernetik**
Regelungsvorgänge in Organismen. 180 Seiten. DM 24,80

Ruthmann/Hauser: **Praktikum der Cytologie**
172 Seiten. DM 22,80

Schönbeck: **Pflanzenkrankheiten**
Einführung in die Phytopathologie. 184 Seiten. DM 24,80

Skrzipek: **Praktikum der Verhaltenskunde**
220 Seiten. DM 25,80

Vangerow: **Grundriß der Paläontologie**
132 Seiten. DM 21,80

Wilkie: **Muskel**
Struktur und Funktion. 123 Seiten. DM 17,80

Wynn: **Struktur und Funktion von Enzymen**
102 Seiten. DM 15,80

Fortsetzung auf der 3. Umschlagseite

Teubner Studienbücher der Biologie

D. R. Wilkie
Muskel

Teubner Studienbücher der Biologie

Herausgegeben von
Prof. Dr. E. Hildebrand, Jülich, und Prof. Dr. H. Stieve, Jülich

Die Studienbücher der Reihe Biologie sollen in Form einzelner Bausteine grundlegende und weiterführende Themen aus allen Gebieten der Biologie umfassen. Daneben werden auch die übrigen Naturwissenschaften in einem Maße berücksichtigt, wie sie für den Umgang mit den Denk- und Arbeitsmethoden der Biologie notwendig erscheinen. Die Bände der Reihe sind wegen ihrer studienbezogenen Konzeption besonders zum Gebrauch neben Vorlesungen oder auch anstelle von Vorlesungen sowie zur Fortbildung der Lehrer geeignet. Für den Studierenden der Mathematik, Physik oder Chemie, der an biologischen Problemen interessiert ist, bietet die Reihe die Möglichkeit, sich an exemplarisch ausgewählten Themengruppen in die Biologie einführen zu lassen.

Muskel

Struktur und Funktion

Von Douglas Robert Wilkie, M. D.
Professor an der Universität London

Aus dem Englischen übersetzt von
Dr. med. Gabriele Pfitzer, Marianne Steinecke
und Ursula Fourier, Universität Heidelberg

Mit einem Beitrag über glatte Muskulatur
von Prof. Dr. med. Dr. phil. J. Caspar Rüegg,
Universität Heidelberg

Mit 36 Abbildungen

Springer Fachmedien Wiesbaden GmbH

Douglas Robert Wilkie

Geboren 1922. Von 1940 bis 1944 Studium der Medizin am University College London und an der Yale University. 1943/44 Promotion (M. D. Yale University; B. Sc. University College London). Von 1945 bis 1948 Arzt am University College Hospital. 1948 Lecturer, 1954 Reader in Experimental Physiology. Seit 1965 Professor of Experimental Physiology am University College London. 1971 Elected Fellow der Royal Society.

CIP-Kurztitelaufnahme der Deutschen Bibliothek

Wilkie, Douglas Robert:
Muskel : Struktur u. Funktion / von Douglas Robert Wilkie.
Aus d. Engl. übers. von Gabriele Pfitzer...
Mit e. Beitr. über glatte Muskulatur von J. Caspar Rüegg. –
Stuttgart : Teubner, 1983.
(Teubner Studienbücher der Biologie)
Einheitssacht.: Muscle < dt. >
ISBN 978-3-519-03611-1 ISBN 978-3-322-96711-4 (eBook)
DOI 10.1007/978-3-322-96711-4

Titel der Originalausgabe: Muscle
Edward Arnold (Publishers) Limited, London

Ursprünglich erschienen bei der deutschen Übersetzung B. G. Teubner Stuttgart 1983

Umschlaggestaltung: W. Koch, Sindelfingen

Vorwort der Herausgeber

Die Kenntnis von Struktur und Funktion des Muskels ist sowohl für die Tierphysiologie wie auch für die Physiologie des Menschen von weitreichender Bedeutung. Unser gegenwärtiges Wissen auf diesem Gebiet ist entstanden durch die gezielte Anwendung verschiedener Untersuchungsmethoden der Ultrastrukturforschung, Biochemie und Physiologic. Die Befunde haben zu der offenbar universellen Gleitfilamenttheorie der Muskelkontraktion geführt und das Prinzip der elektromechanischen Koppelung bei der Steuerung der Kontraktion aufgedeckt. Die quergestreifte Muskulatur gehört heute zu den bestuntersuchten Gewebetypen tierischer Organismen. Unsere Vorstellungen von ihrem Funktionsmechanismus sind bis in molekulare Dimensionen hinein weit fortgeschritten.

Das vorliegende Studienbuch behandelt in konzentrierter Form, ausgehend von den methodischen Grundlagen, den Aufbau der Muskulatur bis hin zur Ultrastruktur, die Mechanismen der Kontraktion und ihrer Kontrolle sowie die wichtigsten Aspekte der Muskelfunktionen im Körper. Der Text der englischen Originalausgabe wurde ergänzt durch einen Beitrag über glatte Muskulatur von J.C. Rüegg (Heidelberg).

Das Bändchen wendet sich vor allem an fortgeschrittene Studenten der Biologie und Physiologie, insbesondere an diejenigen, die sich für eine spätere experimentelle Tätigkeit auf diesem Spezialgebiet einarbeiten möchten. Es erscheint ferner geeignet als begleitende Lektüre zur Vorlesung "Tierphysiologie", zur Vertiefung der Kenntnisse für besonders interessierte Studenten der Medizin und - wenigstens abschnittweise - zur Vorbereitung eines entsprechenden Oberstufenkurses an Gymnasien. Außer einigen basalen Kenntnissen der physikalischen Chemie, Biochemie und Anatomie scheinen uns keine Voraussetzungen notwendig, um den Stoff des Bandes zu erarbeiten. Wir meinen, daß dieser Band geeignet sein könnte, eine Lücke im Spektrum der deutschsprachigen Studienliteratur zu schließen.

Jülich, im Frühjahr 1983 E. Hildebrand und H. Stieve

Vorwort des Verfassers

Es ist faszinierend, mit Muskeln zu arbeiten, da sie so offensichtlich etwas tun. Da sich unsere Kenntnisse über den Mechanismus, nach dem sie arbeiten, sprunghaft vergrößern, scheint es durchaus möglich, daß der Muskel das erste Gewebe sein wird, dessen Funktion auch auf physikalisch-chemischer Grundlage vollkommen geklärt ist. Vielleicht gelingt es, mit diesem Buch Interesse zu wecken und einige Informationen zu liefern und so dazu beizutragen, daß dieses Ziel bald erreicht wird.

London, 1968 D.R.W.

Vorwort des Verfassers zur zweiten Auflage

Die "sprunghafte" Erweiterung unserer Kenntnisse, von denen im ersten Vorwort gesprochen wurde, ist tatsächlich eingetreten, und so wurde es notwendig, ganze Passagen des Buches neu zu schreiben. An den grundlegenden Erkenntnissen, die in der ersten Auflage dargestellt wurden, hat sich nichts geändert; es sind jedoch neue Erkenntnisse hinzugekommen. Dies gilt vor allem für die Beschaffenheit und Funktionsweise der Muskelproteine, ihre Wechselwirkung mit ATP und ihr verbreitetes Vorkommen nicht nur im Muskel, sondern auch in anderen Geweben. Es bleiben jedoch noch genügend "Geheimnisse" zu klären, so daß man mit Sicherheit sagen kann, daß das Studium des Muskels noch für lange Zeit ein aktuelles Forschungsthema bleiben wird.

Es bleibt noch hinzuzufügen, daß in dieser neu aufgelegten Fassung das SI-Einheitensystem benutzt wird.

London, 1976 D.R.W.

INHALT

1 Einleitung

Nur durch den Gebrauch unserer Muskeln sind wir in der Lage, auf unsere Umwelt einzuwirken, d.h. Kräfte auszuüben und Gegenstände - und auch uns - zu bewegen. Muskeln sind biologische Maschinen, die chemische Energie, die letztlich aus der Reaktion von Nahrung mit Sauerstoff herrührt, in Kraft und mechanische Arbeit umsetzen. Ziel dieses Buches ist es, zu erklären, was über die Art und Weise, wie diese Maschine arbeitet, bekannt ist. Es ist sinnlos, ein solches Problem unter einem zu engen Blickwinkel zu sehen; es besteht vielmehr die Notwendigkeit, Ideen und experimentelle Techniken aus den Gebieten Mechanik, Biochemie, Mikroskopie, Molekularbiologie, Elektronik und Thermodynamik einzuführen, um herauszufinden, welche Vorgänge in einem Muskel ablaufen, wie ein Muskel funktioniert. Es wird vorausgesetzt, daß der Leser bereits über einiges Hintergrundwissen verfügt und, was noch wichtiger ist, echtes Interesse an der Thematik hat.

Selbst Einzeller, wie z.B. eine Amöbe, können sich bewegen, obwohl unter dem Mikroskop an ihnen keine spezialisierten Muskeln zu erkennen sind. Bei den meisten mehrzelligen Organismen jedoch sind einige Zellen auf diese spezielle Form der Energieumwandlung spezialisiert. Bei Vielzellern macht das Muskelgewebe einen Großteil des Körpers aus, beim Menschen etwa 40 %. Das 'Fleisch' des Körpers ist fast reine Muskulatur, ebenso das Herz, der Darmtrakt und einige andere innere Organe. Der Uterus und die Harnblase z.B. haben ebenfalls einen hohen Anteil an Muskelzellen. Trotz der offensichtlichen Unterschiede im Bewegungsmechanismus, die man im Tierreich findet, scheint der zugrundeliegende biochemische Reaktionsprozeß bei allen derselbe zu sein. Bausteine der Maschine sind Proteine, die gewöhnlich als Aktin und Myosin identifiziert werden können (vergl. S. 27); der Brennstoff ist fast immer Adenosintriphosphat, kurz ATP genannt.

Bei der Untersuchung verschiedener Muskeltypen sind wir daher bemüht, herauszufinden, wie dieser Mechanismus an die verschiedenen Anforderungen angepaßt worden ist, die sich im Laufe des Evolutionsprozesses ergeben haben.

Grundlegend für den kontraktilen Mechanismus ist, daß kontinuierlich chemische Energie zur Ausübung von Kraft verbraucht wird. In dieser Hinsicht unterscheidet er sich z.B. von einem Gummiband, das ohne Aufwand kontinuierlich Kraft ausüben kann. Je langsamer ein Muskel kontrahiert, desto ökonomischer wird diese Kraft aufrechterhalten, doch ist auch die mechanische Leistung dementsprechend vermindert. Daher muß, um jeder auftretenden Situation gerecht zu werden, ein Kompromiß gefunden werden. Von unseren Armmuskeln wird eine hohe augenblickliche Leistung verlangt, die nur erreicht werden kann, wenn diese Muskeln für die dauernde Ausübung einer Kraft unökonomisch sind. Wir stellen dies bald fest, wenn wir versuchen, einen schweren Koffer hochzuheben. Im Gegensatz dazu würden die angewinkelten Hinterbeine vieler Vierbeiner, wie z.B. der Katze, zusammenbrechen, wenn ihre Muskeln nicht kontinuierlich Kraft ausübten. Diese Haltemuskeln arbeiten entsprechend langsamer, dafür aber ökonomischer. Ein extremes Beispiel für die Fähigkeit, über einen langen Zeitraum Kraft aufrechtzuerhalten, bieten die Muscheln, wie z.B. Auster und Miesmuschel. Diese können über viele Stunden ihre Schalen fest geschlossen halten, da sie Muskeln entwickelt haben, die auf sehr ökonomische Weise ihre Spannung aufrechterhalten können. Daneben haben sie jedoch auch einen speziellen Mechanismus entwickelt, um die Spannung verhältnismäßig rasch an- oder abzuschalten.

Weitere Besonderheiten zeigen der Herzmuskel, der - ziemlich unabhängig von Nervenverbindungen - einen eingebauten Mechanismus besitzt, um die rhythmischen Kontraktionen des gesamten Muskels aufrechtzuerhalten, und der Insektenflugmuskel. Dieser verkürzt sich nicht wie ein gewöhnlicher Muskel, sondern erzeugt schnelle Schwingungen, wenn er entsprechend belastet wird.

Diese funktionellen Unterschiede werden zu einem großen Teil sichtbar in Unterschieden der Struktur, die in Kapitel 3 detaillierter diskutiert werden. Skelett-, Herz- und Insektenflugmuskeln zeigen alle eine auffällige Querstreifung. Andere Muskelarten werden als glatte Muskeln bezeichnet, doch muß man sich darüber im Klaren sein, daß diese eine sehr heterogene Gruppe bilden. Die glatten Muskeln der inneren Organe von Wirbeltieren bestehen aus kleinen, spindelförmigen Zellen mit nur schwach ausgeprägter Innenstruktur, während die glatten Muskeln bei vielen Wirbellosen ziemlich hoch differenzierte Systeme von Proteinfilamenten enthalten.

In einigen kontraktilen Systemen wie den Blutplättchen (die aggregieren, wenn ein Blutgefäß verletzt wird und durch ihre Kontraktion die Blutung zum Stillstand bringen) bilden sich Aktin- und Myosin-Filamente nur im Bedarfsfall.

Beim Muskel besteht eine sehr enge Beziehung zwischen Struktur und Funktion, daher wollen wir, um einen konkreten Einstieg in die Materie zu bekommen, erst die Struktur eines Skelettmuskels vom Wirbeltier im Detail betrachten. Dieser Muskeltyp wurde gewählt, weil er mehr als jeder andere untersucht worden ist. Ausgehend von der makroskopischen Anatomie wird die Struktur in Abb. 1-1 bis Abb. 1-7 zunehmend detaillierter dargestellt bis hin zur molekularen Dimension.

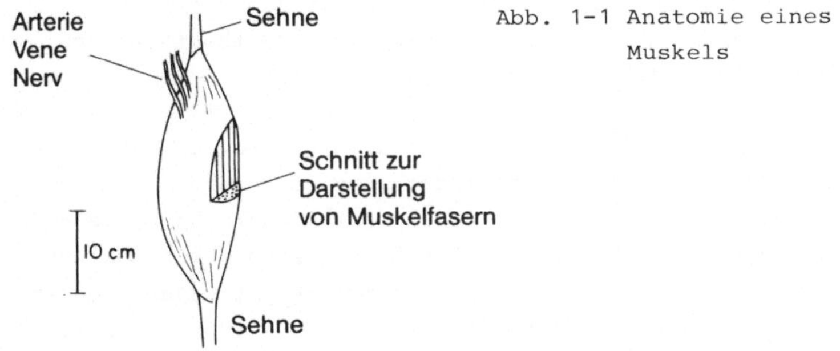

Abb. 1-1 Anatomie eines Muskels

Anatomie des Muskels (Abb. 1-1). Wie schon gesagt wurde, bilden die Muskeln das "Fleisch" unseres Körpers. Es gibt insgesamt mehr als 150 verschiedene anatomisch unterscheidbare Muskeln, und fast alle sind an beiden Enden mit dem Skelett verbunden, meist durch eine starke Sehne.

Muskeln können nur Zug, niemals Druck ausüben. Um die komplexen Bewegungen des Körpers auszuführen, müssen die Muskeln nach wechselnden Mustern zusammen auf das Hebelsystem einwirken, das vom

Skelett dargestellt wird. Dies wird in Kapitel 7 erklärt.

Der Muskel benötigt eine Arterie und eine Vene, damit er, während er 'arbeitet', ausreichend mit Sauerstoff versorgt wird, der zur Freisetzung von Energie bei der Oxidation von Kohlenhydraten und Fett benötigt wird.
Eine Versorgung mit Nerven muß ebenfalls vorhanden sein, damit die Kontraktionen gesteuert werden können, und zwar gemäß den Befehlen, die vom zentralen Nervensystem, d.h. von Gehirn und Rückenmark, ausgehen und über motorische Nervenfasern weitergeleitet werden. Um schließlich eine Bewegung koordinieren zu können, muß das Zentralnervensystem über die momentane Länge des Muskels und die Spannung in seinen Sehnen informiert werden. Diese Information wird von speziellen sensorischen Organen geliefert und über sensible Nervenfasern an das Zentralnervensystem zurückgeleitet.

Der Muskel hat ein gekörntes Aussehen, da er aus kleineren Untereinheiten, den Fasern besteht. Zwischen ihnen liegt der Extrazellulärraum, der Blutgefäße, Bindegewebe etc. enthält und der etwa 20 % des Gesamtvolumens ausmacht.

Die Muskelfaser (Abb. 1-2). Es handelt sich hierbei um eine zylindrische Struktur, die viele Zentimeter lang sein kann. Wenn man eine Faser färbt oder entsprechend beleuchtet, kann man regelmäßig angeordnete Querstreifen erkennen, die sich durch das Innere der Faser ziehen und sie in einzelne Sarkomere aufteilen, die so regelmäßig übereinander liegen wie aufgestapelte Münzen. Die Einzelheiten dieser Querstreifung werden in Abb. 1-3 behandelt.
In der Muskelfaser kann man zylinderförmige Untereinheiten, die Myofibrillen, erkennen. Dieses sind die Gebilde, die tatsächlich kontrahieren. Zwischen ihnen, im Sarkoplasma, liegen weitere funktionell bedeutsame Strukturen. Die Mitochondrien sind chemische 'Kraftwerke', in denen der größte Teil der Verbrennung der Nahrung stattfindet (vergl. Kapitel 6). Die komplizierten, verzweigten Tubuli des endoplasmatischen Retikulums sind wichtig als Teil des Mechanismus, durch den die Kontraktion an- und abgeschaltet wird, wie auf S. 80 erklärt wird. In dieser Hinsicht ist auch die Zellmembran von Bedeutung, da sie nur bestimmte Ionen durchläßt. Dies führt zur Bildung des Ruhepotentials (S. 72) und

des Aktionspotentials (S. 78).

Im lebenden Organismus kann der Erregungs- und Kontraktionsprozeß nur dann ablaufen, wenn vom Zentralnervensystem ein Aktionspotential über eine motorische Nervenfaser den Muskel erreicht. Die Nervenfaser ist an einer speziellen Verbindungsstelle, der sogenannten motorischen Endplatte, deren Eigenschaften auf S. 78 erläutert werden, mit dem Muskel verbunden.

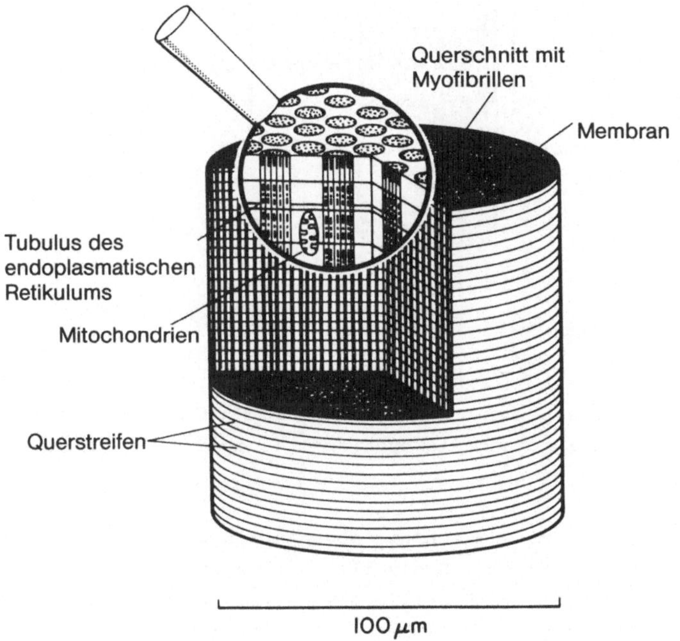

Abb. 1-2 Segment einer einzelnen Muskelfaser.

Die Fibrille oder Myofibrille (Abb. 1-3) ist eine Art Stäbchen aus kontraktilem Protein, das sich von einem Ende der Faser zum anderen erstreckt. In lebenden Zellen ist die Myofibrille völlig transparent, doch wenn man sie durch ein spezielles Mikroskop betrachtet, das Unterschiede im Brechungsindex oder der Polarisation sichtbar macht, kann man ein Muster von Querstreifen erkennen. Das richtige

Verständnis dieses Musters hat unsere Kenntnisse über die Kontraktion (s. S. 39) bedeutend erweitert.

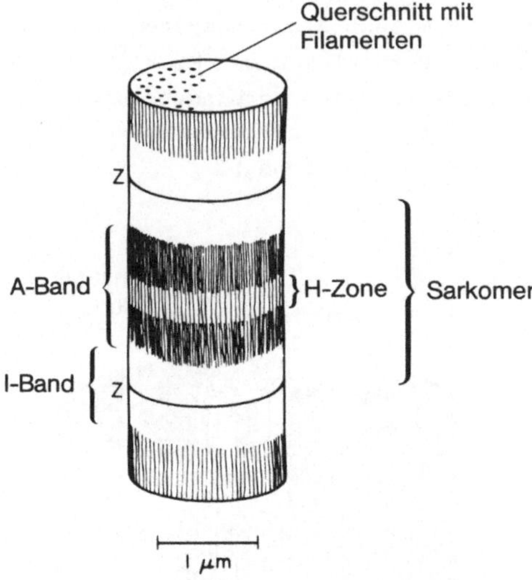

Abb. 1-3 Kurzes Segment einer einzelnen Myofibrille. Beim Froschmuskel machen die Myofibrillen etwa 83 % des Faservolumens aus.

Die Myofibrille wird durch die sogenannten Z-Linien oder Z-Scheiben in Segmente unterteilt. Sie verlaufen ebenfalls quer durch die Faser von Fibrille zu Fibrille und teilen die Faser in Sarkomere auf. In der Mitte des Sarkomers liegt das A-Band, das einen hohen Brechungsindex hat, mit einer weniger stark brechenden H-Zone im Zentrum. Der Rest des Sarkomers wird vom I-Band eingenommen. Die Fibrille selbst besteht aus länglichen dünnen Proteinfilamenten.

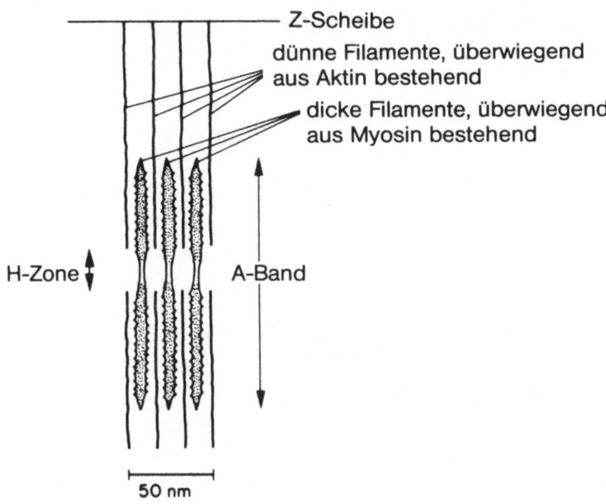

Abb. 1-4 Proteinfilamente in einer Myofibrille.

Die Proteinfilamente (Abb. 1-4) lassen sich in zwei Arten - nämlich dicke und dünne Filamente - unterteilen. Sie sind, wie die Abbildung zeigt, so angeordnet, daß sie ineinander greifen. Die H-Zone ist der Teil des A-Bandes, in dem es keine dünnen Filamente gibt. Die dicken Filamente haben, von einem kurzen Stück in der Mitte abgesehen, Fortsätze, die zu jeder Seite herausragen. In diesen Fortsätzen oder Querbrücken wird vermutlich die eigentliche Kontraktionskraft erzeugt.

Die Struktur der beiden Filamentarten wird auf S. 27 beschrieben. Wir wollen uns nun zunächst mit der Feinstruktur von Proteinen beschäftigen.

Die chemische Struktur eines Proteins (Abb. 1-5). Ein Protein entsteht durch die Polymerisation von Aminosäuren. Jede Aminosäure hat die auf S. 20 angegebene Formel, wobei R- eine der ungefähr 20 verschiedenen chemischen Gruppen ist, die die verschiedenen Aminosäuren charakterisieren. Die -COOH-Gruppe einer Aminosäure reagiert leicht mit der $-NH_2$-Gruppe einer anderen, unter Wasserabspaltung, wobei die in Abb. 1-5 gezeigte Struktur entsteht. Sie hat ein zentrales Gerüst aus -C-C-N-C-C-N-Atomen; die R-Gruppen stehen seitwärts heraus.

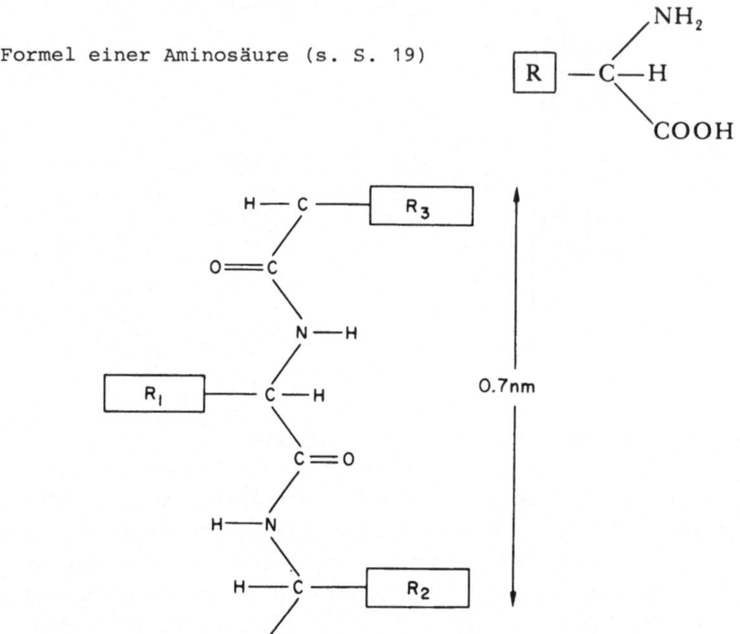

Abb. 1-5   Die chemische Struktur eines Proteins.

<u>Die Sekundärstruktur; α-Helix</u> (Abb. 1-6). Das zentrale Gerüst windet sich zu einer korkenzieherförmigen Schraube, einer Helix, wie die Abbildung zeigt. Die R-Gruppen stehen radial wie die Borsten einer Flaschenbürste heraus, so daß das Ganze eine zylindrische Struktur bildet.

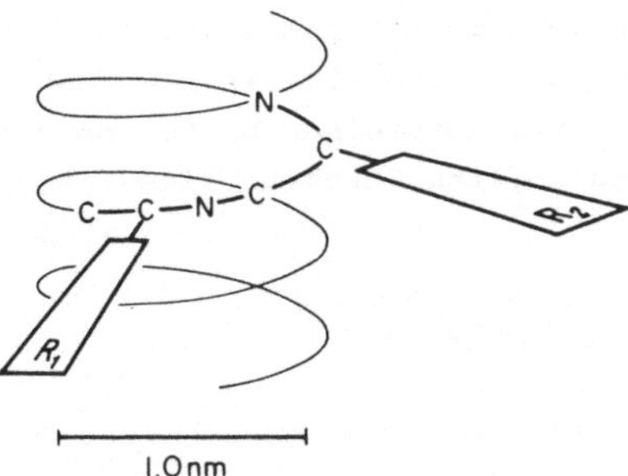

Abb. 1-6 Sekundärstruktur eines Proteins; die α-Helix.

Die Tertiärstruktur (Abb. 1-7). Die spezielle Sequenz der Aminosäuren entlang des zentralen Gerüsts erzeugt Kräfte, welche die α-Helix zu einer charakteristischen und oft sehr komplizierten Tertiärstruktur verbiegen. Wir haben dies in Abb. 1-7 sehr vereinfacht und diagrammartig angedeutet. Die Kräfte entstehen auf verschiedene Weise. Die wasserabweisenden hydrophoben Aminosäuren haben die Neigung, in das Innere der Struktur gestoßen zu werden, während die wasseranziehenden hydrophilen Aminosäuren nach außen gezogen werden. Dieser Vorgang nähert Gruppen aneinander an, die zuvor voneinander entfernt waren, was wiederum andere Kräfte hervorbringt, wie z.B. Wasserstoffbindungen und elektrostatische Bindungen. In diesem diffizilen Prozeß spielen die speziellen Eigenschaften von Wasser eine entscheidende Rolle.

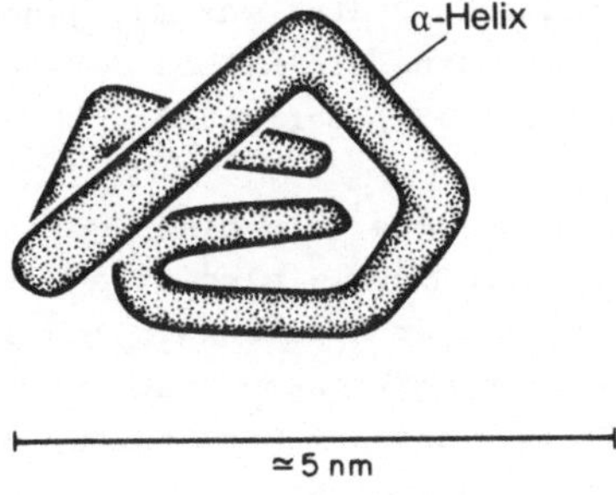

Abb. 1-7 Hypothetische Tertiärstruktur einer globulären Proteineinheit.

Die Tertiärstruktur vieler Proteine, Enzyme eingeschlossen, ist inzwischen durch Röntgenstrahl-Beugung bestimmt worden (s.S. 44). Dazu muß das Protein zuvor kristallisiert werden, was leider bei den interessantesten Muskelproteinen bisher noch niemandem gelungen ist. Eine detaillierte Struktur dieser Proteine ist daher noch nicht bekannt.

1.1 Experimentelle Methoden

Für die in Abb. 1-1 dargestellten Einzelheiten reichen anatomische Präparation und Beobachtung aus. Wie man sich jedoch vorstellen kann, erhält man dabei wenig Aufschluß über die funktionelle Bedeutung dessen, was man sieht. Die Lichtmikroskopie zeigt zwar fast alles, was in Abb. 1-2 und 1-3 dargestellt ist. Da aber die lebende Muskelfaser völlig transparent ist, muß ein Phasenkontrastmikroskop oder ein Interferenzmikroskop (empfindlich für Unterschiede des Brechungsindex) oder ein Polarisationsmikroskop (empfindlich für optische Anisotropie) benutzt werden.
Beim A-Band liegt wie bei Quarzkristallen Anisotropie vor, daher der Name. Mit einem gewöhnlichen Mikroskop, das etwas unscharf eingestellt ist, erreicht man eine Art Phasenkontrast-Effekt, der die Querstreifung sichtbar macht. Man muß jedoch bei ihrer Identifizierung äußerst vorsichtig sein. Wenn das Mikroskop unterhalb der Schärfeebene eingestellt ist, erscheint das A-Band dunkler, ist es jedoch oberhalb der Schärfeebene eingestellt, so ergibt sich das umgekehrte Bild. Dieser Effekt war für die Pioniere der Mikroskopie, die ihre Geräte noch nicht "von der Stange" kaufen konnten, selbstverständlich. Später war man jedoch weniger vorsichtig. Das Ergebnis war dann ein halbes Jahrhundert lang Verwirrung, wie A.E. Huxley (1957) berichtet.

Ein Lichtmikroskop kann Objekte, die einen geringeren Abstand als die Wellenlänge des Lichtes haben - also etwa 0,5 µm - nicht auflösen. Um die Einzelheiten der Abbildungen 1-3 und 1-4 zu erkennen, müßte ein Elektronenmikroskop benutzt werden. Die Röntgenstrahlbeugung (vgl. S. 44) erkennt Strukturen, die sich regelmäßig mit einer Periode von weniger als 0,1 nm bis zu etwa 100 nm wiederholen; daher wurde diese Methode benutzt, um die Struktur in

Abb. 1-4 zu erhärten und die Abbildungen 1-6 und 1-7 zu ermöglichen. Die Aminosäuresequenzen in Abb. 1-5 schließlich müssen mit rein chemischen Methoden bestimmt werden.

2 Der Aufbau der Muskeln

In diesem Kapitel wollen wir uns nicht einfach nur mit der chemischen Zusammensetzung der Muskeln befassen. Im Muskel sind Zusammensetzung, Struktur und Funktion so eng miteinander verflochten, daß man oft alle drei Aspekte zusammen behandeln muß. Die chemische Analyse scheint zwar ein recht nüchterner Einstieg in die Fragestellung nach der Funktionsweise der Muskeln zu sein, doch sogar sie stellt uns vor einige grundlegende, noch nicht beantwortete Fragen. Bestimmte Substanzen sind in recht hoher Konzentration vorhanden, ohne daß wir etwas über ihre Funktion wissen. Die Substanzen, die die Forschung am meisten herausfordern, sind die Imidazolbase Carnosin (in manchen Muskelarten ersetzt durch Anserin), dem weder bei der Kontraktion noch bei der Entspannung eine eindeutige Rolle zugewiesen werden kann, obwohl es als Puffer fungiert, und Zink, das in fast gleich hoher Konzentration vorliegt wie Calcium und dessen Funktion bei der normalen Kontraktion jedoch noch nicht geklärt ist.

2.1 Wasser

Der Muskel besteht zu 80 % aus Wasser, und dies füllt nicht einfach nur den Raum: Wegen seiner einzigartigen physikalisch-chemischen Eigenschaften spielt es eine vitale Rolle bei der Kontraktion. Es kann nicht einmal durch die nah verwandte Verbindung Deuteriumoxid $^{2}H_2O$ ersetzt werden. Die Einzigartigkeit des Wassers beruht teilweise auf der Tatsache, daß selbst bei Zimmertemperatur die Wassermoleküle nicht zufällig verteilt sind, wie es bei einem idealen Gas der Fall ist. Im Gegenteil: wegen der polaren Eigenschaft der einzelnen Moleküle zeigt Wasser eine ausgesprochene Neigung, flüssige Kristalle zu bilden. Dies ist besonders der Fall, wenn elektrisch geladene Ionen oder Membranen eine Art Kristallisationskeim bilden, um den sich Wassermoleküle gruppieren können. Die Bildung und Auflösung solcher Hydratationshüllen laufen unter sehr großem Energieaufwand ab. Um z.B. die Hydratationshülle von K^+-Ionen und Na^+-Ionen abzustreifen, werden 322 bzw. 405 kJ mol^{-1} benötigt.

Unter normalen Bedingungen befindet sich etwa 20 bis 25 % des Wassers in den Zwischenräumen zwischen den Fasern. Der Wassertransport in die Faser hinein und aus ihr heraus wird durch osmotische Kräfte reguliert; das Wasser geht vorwiegend in Gebiete, in denen die Konzentration der gelösten Teile am höchsten ist. Daher schwellen die Fasern in verdünnten Lösungen an und schrumpfen in konzentrierten Lösungen. Bei der Herstellung einer physiologischen Lösung (vergl. S. 49), in der der Muskel normal funktionieren soll, muß demzufolge beachtet werden, daß die Osmolarität der Lösung der des Faserinneren entspricht. Es ist noch immer umstritten, ob das Wasser im Muskel 'frei' ist und an physikalisch-chemischen Prozessen teilnehmen kann, oder ob ein Teil davon so fest an Protein 'gebunden' ist, daß eine Abtrennung in ein separates Kompartiment bewirkt wird. Die Tatsache, daß nicht alles Wasser bei mäßig tiefen Temperaturen im Muskel friert und daß eine außerordentlich trockene Atmosphäre, d.h. ein sehr niedriger Wasserdampfdruck benötigt wird, um einen Muskel völlig auszutrocknen, unterstützt die Theorie, daß ein Teil des Wassers gebunden ist.
Zwar kann eine Muskelfaser als perfektes Osmometer fungieren, wenn man sie in Lösungen mit unterschiedlichen Konzentrationen taucht, sie verhält sich aber so, als ob ein Teil ihres Wasseranteils nicht an diesen Veränderungen beteiligt wäre. Andererseits kann aber das gesamte Wasser einer Muskelfaser Salze und Harnstoffe unter der normalen Erniedrigung des Dampfdruckes lösen, so daß die Lage immer noch nicht ganz geklärt ist.

2.2 Proteine

Proteine stellen den größten festen Bestandteil des Muskels dar; sie machen etwa 20 % des Naßgewichtes aus. Aus diesem Grund ist Fleisch ein wertvolles Nahrungsmittel. Der kontraktile Apparat selbst besteht aus Protein, wie schon in der Einleitung erwähnt wurde. Ein großer Teil des Proteins ist innerhalb der Muskelfaser fest gebunden, was dadurch gezeigt wird, daß es ungleich schwerer ist, das Protein aus dem Muskel zu extrahieren, als es später in Lösung zu halten. Untersuchungen auf Extrahierbarkeit und Löslichkeit bieten wichtige Möglichkeiten, eine Proteinart von einer anderen zu unterscheiden, da manche Proteine schon mit Salzlösungen extrahiert werden können, die für andere zu verdünnt sind. Die ausschlaggebende Eigenschaft einer Lösung im Hinblick auf ihre Effektivität, Proteine zu extrahieren, ist weniger die Salzkonzentration als solche, als die <u>Ionenstärke</u>, die sich aus Konzentration und Wertigkeit ergibt: Dazu multipliziert man die Konzentration jedes Ions (in mol pro kg Lösungsmittel) mit dem Quadrat der Wertigkeit, addiert alle Werte auf und teilt dann durch 2. Für 0,01 mol kg^{-1} Na_2SO_4 ist daher die Ionenstärke

$$= (0{,}02 \cdot 1^2 + 0{,}01 \cdot 2^2) / 2 = 0{,}03 \qquad (2.2.1)$$

Bei einwertigen Salzen wie KCl ist die Ionenstärke numerisch gleich der Molalität (mol kg^{-1}).

Andere Versuche zur Trennung und Charakterisierung von Proteinen beruhen auf der Mobilität des Proteins in einem starken Gravitationsfeld (Ultrazentrifugation), im elektrischen Feld (Elektrophorese) oder auf dem Durchlaufen einer Säule mit einem geeigneten Absorbens (Chromatographie). Heute können einige Proteine sogar aufgrund der Anordnung ihrer einzelnen Moleküle im Elektronenmikroskop bestimmt werden. In bestimmten Fällen können auch Bestimmungen der Enzymaktivität oder die Reaktion mit spezifischen Antikörpern außerordentlich aufschlußreich sein.

Nach funktionellen Gesichtspunkten kann man die verschiedenen Proteine in einer Muskelfaser in drei Hauptgruppen einteilen:

<u>1. Strukturproteine</u>. Etwa ein Fünftel der Proteine ist unlöslich und scheint allein als inertes Strukturelement oder Gerüst zu dienen, um die übrigen Strukturen an Ort und Stelle zu halten. Ein Teil dieses Proteins ist extrazellulär und kann als Collagen- und Elastin-Filament identifiziert werden, die die Fasern zusammenhalten und ihre Spannung an die Sehnen übermitteln. Die übrigen Strukturproteine spielen innerhalb der Fasern eine analoge Rolle.

<u>2. Zellproteine</u>. Diese Proteine sind nicht spezifisch für den Muskel, sondern sie sind auch in anderen, am Stoffwechsel beteiligten Zellen zu finden. Sie machen ein weiteres Fünftel des Gesamtproteins aus. Die interessantesten dieser Proteine sind die

Enzyme. Mehr als 50 davon sind für die chemische Reaktion innerhalb der Zelle verantwortlich und somit für die Versorgung des kontraktilen Systems mit ATP. Einige dieser Enzyme können leicht in Lösung gebracht werden, andere jedoch, ganz besonders jene, die an der Oxidation der Nährstoffe beteiligt sind, sind fest an die Mitochondrien gebunden.

3. Kontraktile Proteine. Man weiß, daß zwei Arten von Proteinen, Myosin und Aktin, für die Kontraktion absolut notwendig sind. Sie machen etwa 33 bzw. 15 % des Gesamtproteins aus. Früher nahm man an, daß sie charakteristisch für die Muskulatur wären. Bei neueren Untersuchungen wurden sie jedoch mit einer verwirrenden Vielzahl anderer Gewebe entdeckt. Auf das Vorkommen und die Funktion dieser Proteine in den Blutplättchen sind wir bereits kurz auf S. 15 eingegangen. In anderen beweglichen Zellen - Spermien, Amöben und grünen Algen, die eine Cytoplasmaströmung aufweisen - erscheint ihr Vorhandensein zumindest verständlich. Weit erstaunlicher, aber auch weit faszinierender war der Nachweis einer beträchtlichen Menge von Aktin und Myosin in solchen Organen wie dem Gehirn von Wirbeltieren, welches wir ja normalerweise nicht mit den Bewegungsvorgängen in Verbindung bringen. Fraglich ist jedoch, ob das Myosin aus all diesen Quellen identisch ist. Wir werden bald sehen, daß Myosin ein sehr kompliziertes Molekül ist, dessen Aufbau leicht etwas variieren kann, ohne große funktionelle Konsequenzen nach sich zu ziehen. Andererseits hat sich Aktin verschiedenster Herkunft in jedem bisher zur Verfügung stehenden Test als sehr ähnlich erwiesen.

Myosin kann aus frisch zerkleinerten Muskeln mit Salzlösungen extrahiert werden, die eine Ionenstärke zwischen 0,4 und 0,5 haben. Ein so hergestellter grober Extrakt enthält allerdings auch andere Proteine, insbesondere Aktin, was die Eigenschaften des Myosins sehr beeinflußt. Daher wurden spezielle Lösungen entwickelt, die Myosin in relativ reiner Form extrahieren können. Wie aus Abb. 2-1 a hervorgeht, haben die Myosinmoleküle in Lösung eine sehr charakteristische Form. In elektronenmikroskopischen Aufnahmen kann man eine kompakte "Kopf"-Region und einen langen "Schwanz" unterscheiden. Weitere Einzelheiten konnte man mit biochemischen und physikalisch-chemischen Methoden entdecken.

Die Abb. 2-1 b zeigt eine schematische Darstellung. Die partielle Verdauung mit dem proteolytischen Enzym Papain spaltet den "Schwanz" vom Kopf ab. Der Kopf selbst zerfällt in zwei sehr ähnliche Untereinheiten, jede S_1 genannt, mit einem MG von 120 000. Durch Trypsin kann der Schwanz, wie dargestellt, in zwei ungleiche Teile aufgespalten werden: leichtes Meromyosin (light Meromyosin, LMM) und S_2. Die Bezeichnungen sind zufällig und historisch bedingt und drücken keinen funktionellen Unterschied aus, da der

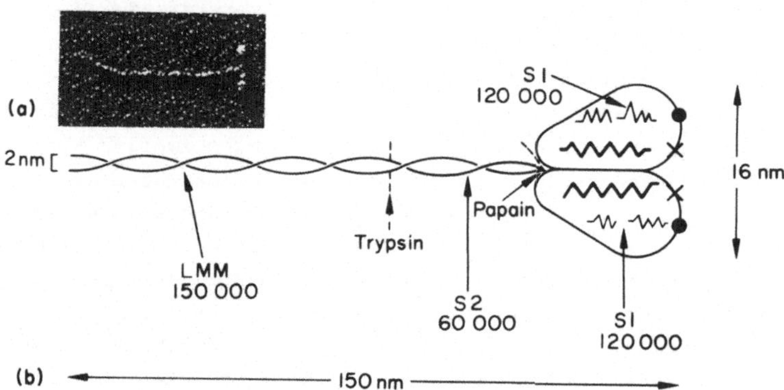

Abb. 2-1 a Elektronenmikroskopische Aufnahme eines einzelnen Myosinmoleküls in Lösung.

b Schematische Darstellung der Struktur eines Myosinmoleküls vom Kaninchen als Ergebnis biochemischer und anderer Untersuchungsmethoden. Die Zahlen geben das Molekulargewicht der verschiedenen Untereinheiten an, die zusammen ein MG von 450 000 ergeben. Der LMM "Schwanz" reicht weit nach links. Der aus zwei S_1-Einheiten und einer S_2-Einheit bestehende Komplex wird "heavy meromyosin" (HMM) genannt. Die Zick-Zack-Linien zeigen (rein schematisch) die schwereren und leichten Ketten, die in der S_1-Untereinheit identifiziert wurden und x weisen auf die Existenz separater Bindungsstellen für ATP und Aktin an jedem S_1 hin. (Elektronenmikroskopische Aufnahme von ELLIOT, OFFER und BURRIDGE, 1976. (Proc. R. Soc. B., <u>193</u>, 45-53).

gesamte Schwanzabschnitt einfach aus zwei langen α-Helices besteht, die wie zwei Stränge eines Taues umeinander gewunden sind. Seine Funktion ist rein mechanischer Art: Aus Abb. 2-2 geht hervor, daß die Schwänze sich zur Bildung von dicken Filamenten zusammenlagern und dabei einen Teil, wahrscheinlich S_2, herausstehen lassen (siehe Abb. 4-9), um den Kopf an das dicke Filament zu binden und trotzdem noch eine nennenswerte Bewegung im rechten Winkel zur Achse zu ermöglichen.

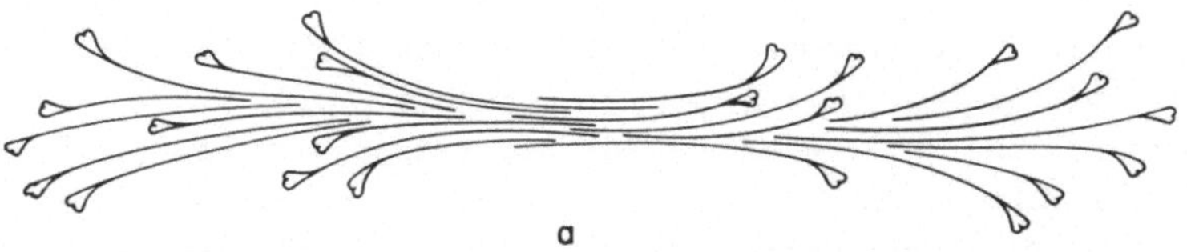

a

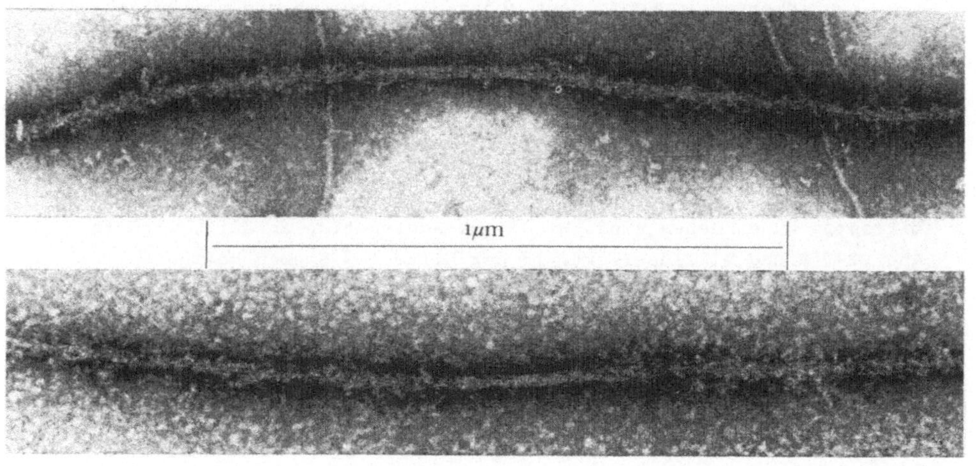

b

Abb. 2-2 a Schematische Darstellung der spontanen Aggregation von Myosinmolekülen zu einem Myosinfilament in Lösung.
b Elektronenmikroskopische Aufnahmen von Myosinfilamenten. Oben: aus einem Muskel; unten: in Lösung gebildet. Beachten Sie die Ähnlichkeit der beiden Aufnahmen. (Aus: H.E. HUXLEY, 1963, J. Mol. Biol. 7, 281-308).

Die für die Umwandlung von chemischer Energie in mechanische Energie tatsächlich wichtigen Strukturen sitzen im Kopf. Jede S_1-Einheit verfügt über eine enzymatische Gruppe, die ATP binden und danach hydrolysieren kann: Jede besitzt auch eine Bindungsstelle für Aktin, über die mechanische Kraft übertragen werden kann. Das zentrale Problem der Muskelphysiologie ist, herauszufinden, wie die Hydrolyse von ATP so gelenkt wird, daß ein Teil der bei der Energieumwandlung frei werdenden Energie als mechanische Arbeit erhalten bleibt.
Durch verschiedene chemische Verfahren kann die S_1-Einheit noch weiter aufgespalten werden: in eine schwere Kette, die sich, wie es scheint, über die gesamte Länge der Einheit erstreckt, und in zwei oder mehr leichte Ketten. Die letzteren variieren je nach Muskeltyp. Die funktionelle Bedeutung der verschiedenen Fragmente ist bis jetzt noch nicht geklärt. Es steht weder fest, ob die zwei S_1-Einheiten im Kopf identisch sind, noch, ob sie unabhängig voneinander oder kooperativ wirken.

In Lösungen hoher Ionenstärke, von etwa 0,4, sind die einzelnen Myosinmoleküle nicht aneinander gelagert, doch wenn die Ionenstärke durch Zugabe von Wasser herabgesetzt wird, aggregieren sie und bilden Stäbe, die so groß sind, daß sie im gewöhnlichen Lichtmikroskop zu erkennen sind. Wie diese Aggregation abläuft, wird in Abb. 2-2 a und b illustriert. In der Mitte des Stabes befindet sich ein Abschnitt von etwa 0,2 µm Länge, der nur aus Schwänzen besteht. Überall sonst stehen die Köpfe von der Oberfläche der Stäbe ab, die damit den dicken Myosin-Filamenten, wie sie im lebenden Muskel vorkommen, sehr ähnlich sind (vergl. auch Abb. 3-4). Auf den ersten Blick scheint es, daß die geordnete Organisation eines quergestreiften Muskels, die bis zu molekularen Dimensionen reicht, ein außergewöhnlich gut entwickeltes Kontrollsystem während der Zellentwicklung haben muß. Die Experimente, die wir gerade beschrieben haben, zeigen jedoch, daß die Ordnung ganz natürlich entsteht und nicht mehr (aber auch nicht weniger) Steuerung erfordert als das Wachstum eines Kristalls. Auch wenn dies aus Abb. 2-2 nicht hervorgeht, so ist doch die Anordnung der Myosinköpfe oder Querbrücken sehr regelmäßig. Mit Hilfe der Röntgenstrahlbeugung (s. Abb. 3-6) hat man entdeckt, daß die Querbrücken wahrscheinlich in Dreiergruppen im Abstand von 120° wie Speichen

aus den dicken Filamenten herausragen. Die nächste Dreiergruppe befindet sich im Abstand von 14,3 nm auf dem dicken Filament und ist um 40° gedreht, so daß das ursprüngliche Muster sich erst nach 42,9 nm wiederholt.
Aktin läßt sich sehr viel schwerer aus dem Muskel extrahieren, da es wahrscheinlich an die Z-Membran (s. Abb. 3-5) angeheftet ist. Trotzdem kann es mit einer 0,6 molaren Kaliumjodidlösung gelöst werden und bleibt sogar dann in Lösung, wenn alle Salze (zum Beispiel durch Dialyse) entzogen worden sind. Dialysiert wird, indem eine Proteinlösung in einem Beutel suspendiert wird, durch dessen Wände die kleinen Ionen der Salzlösung hindurch diffundieren können, nicht aber die großen Proteinmoleküle. Man kann dann feststellen, daß Aktin aus kugelförmigen Molekülen mit einem Durchmesser von ca. 5,5 nm und einem Molekulargewicht von 42 000 besteht. Diese Form des Aktins wird globuläres (oder G-) Aktin genannt. Anders als die S_1-Untereinheit besitzt Aktin keine ATPase-Aktivität, aber jedes globuläre Molekül enthält ein sehr fest gebundenes ATP-Molekül.

Wenn die Ionenstärke durch Zugabe von Salzen erhöht wird, polymerisieren die G-Aktin-Moleküle, d.h. sie verbinden sich zu langen Ketten in Form eines zweisträngigen Taues (vergl. Abb. 2-3). Diese polymerisierte Form wird F-(oder fibrilläres) Aktin genannt. Die G-Aktin-Moleküle können nur zusammenhalten, wenn gleichzeitig ihr gebundenes ATP zu ADP hydrolysiert wird und dabei Energie frei wird:

$$\text{G-Aktin - ATP} \longrightarrow \text{F-Aktin - ADP + anorganisches Phosphat} \qquad (2.2.2)$$

Genau wie im Falle des Myosin sind die Filamente, die sich in Lösung spontan bilden, denen ähnlich, die im lebenden Muskel gefunden werden.

Tropomyosin (MG ≅ 68 000) bildet etwa 0,8 % des Muskels. Es besteht aus langen Stäben (≅ 40 nm), die aus einer Doppel-α-Helix bestehen und so dem Schwanz eines Myosinmoleküls ähneln.

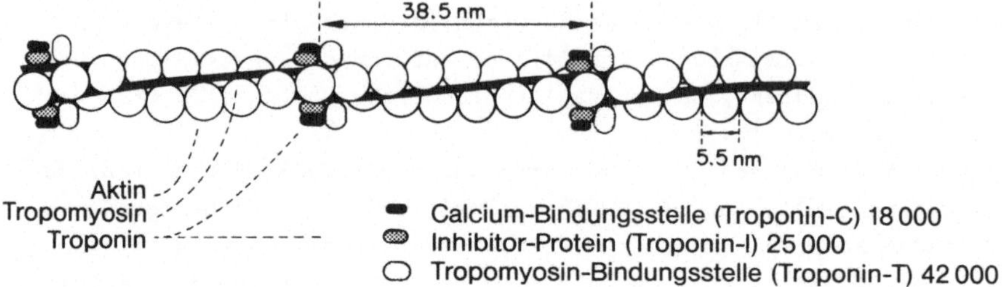

Abb. 2-3 Struktur des dünnen Filaments. Die Kugeln stellen die einzelnen Aktinmoleküle dar, die F-Aktin gebildet haben - ein zweisträngiges Tau mit 13-14 Molekülen pro Windung. Ein Tropomyosinmolekül liegt in der Rinne zwischen den Aktinmolekülen; in regelmäßigen Abständen von 38,5 nm tritt ein Troponinkomplex auf. Die drei Bestandteile des Troponin und ihr ungefähres Molekulargewicht sind angegeben.

Troponin (MG ≅ 85 000) macht etwa 0,2 % des Muskels aus und enthält mindestens 3 Untereinheiten, I, T und C.

In Abb. 2-3 ist gezeigt, wie Tropomyosin und Troponin in den dünnen Filamenten regelmäßig angeordnet sind, wobei von jedem 1 Molekül auf 7 Aktin-Monomere kommt. Wie später erklärt wird, sind sie die Bausteine für den Mechanismus, durch den Calcium die Kontraktion kontrolliert, indem es das Aktin "ein- und ausschaltet".

Die Wechselwirkung zwischen Aktin und Myosin. Wenn man Aktin und Myosin mischt, verbinden sich die beiden Proteine zu Aktomyosin, und die Lösung wird stark viskos.
Myosin behält seine ATPase-Aktivität, und wenn ATP zusammen mit dem Cofaktor Magnesium hinzugegeben wird, wird das ATP hydrolysiert. Gleichzeitig fällt das Protein aus und zieht sich aktiv zu einem dichten Klumpen zusammen. Die Bedeutung dieser "Superpräzipitation" wurde anfangs der 40er Jahre von Albert Szent-Györgi erkannt, der richtig voraussagte, daß, falls die Aktomyosinmoleküle in Reihen angeordnet anstatt zufällig verteilt wären, eine Verkürzung und Spannungsentwicklung wie im lebenden Muskel resultieren würde.

Wenn aber andererseits ATP unter Bedingungen zugefügt wird, die keine ATP-Spaltung zulassen, dissoziiert Aktomyosin wieder in seine Einzelbestandteile und die Viskosität der Lösung nimmt ab.

Diese Reaktionen, die in Lösung ablaufen, haben auch im lebenden Muskel ihre Entsprechung (Tab. 1).

Tabelle 1 Beziehung zwischen Aktin, Myosin und ATP.

	in Lösung	im lebenden Muskel
A und M vorhanden, kein ATP	Bildung von AM Lösung wird sehr viskos	Rigor: Muskel wird steif, ist nicht dehnbar
A und M vorhanden, ATP vorhanden, wird gespalten	Superpräzipitation	Kontraktion
A und M vorhanden, ATP vorhanden, wird jedoch nicht gespalten	AM dissoziiert in A + M, Viskosität nimmt ab	Relaxation

A = Aktin, M = Myosin, AM = Aktomyosin

Tabelle 1 zeigt, weshalb die Muskeln nach dem Tode aus dem entspannten Zustand in die Totenstarre übergehen: ihr ATP-Spiegel fällt und wird nicht durch Stoffwechselprozesse wieder aufgefüllt. Dies ist die biochemische Erklärung für die in der Gerichtsmedizin wohlbekannte Tatsache, daß die Totenstarre wesentlich rascher eintritt, wenn die Muskeln vor Eintreten des Todes stark belastet wurden.

Myosin allein ist eine relativ schwache ATPase; ihre Aktivität kann durch Zugabe von Aktin wesentlich gesteigert werden. Die heutige Forschung beschäftigt sich stark mit diesem interessanten Gebiet. Leider kann in diesem Rahmen nur eine vereinfachte Zusammenfassung gegeben werden.

Wenn ATP zu gelöstem Myosin (M) gegeben wird, läuft folgender Reaktionszyklus ab, dessen Endergebnis die Hydrolyse von ATP ist.

$$M + ATP \xrightarrow{(1)} M\cdot ATP \xrightarrow{(2)} M\cdot ADP\cdot P_i \xrightarrow{(3)} M + ADP + P_i \quad \text{(Rückführung von M zum Anfang: (4))} \qquad (2.2.3)$$

Tatsächlich gibt es noch einige weitere Zwischenschritte, für unsere Zwecke ist dieses vereinfachte Schema jedoch ausreichend. Die Schritte (1) und (2) laufen rasch ab. Sobald ATP zugegeben wird, wird es zunächst hydrolysiert; die Spaltprodukte bleiben jedoch an Myosin gebunden. Schritt (3) läuft nur sehr langsam ab. Daher kann der oben dargestellte Zyklus auch insgesamt nur sehr langsam ablaufen, was die relativ geringe Aktivität der Myosin-ATPase erklärt. Fast das gesamte Myosin hat die Form von $M\cdot ADP\cdot P_i$. In dieser Form kann es nicht mit weiteren ATP-Molekülen reagieren. Wenn man Aktin zur Lösung hinzufügt, wird Schritt (3) beschleunigt, und die Spaltungsrate von ATP schnellt in die Höhe. Wir nehmen an, daß im lebenden Muskel im Ruhezustand das Myosin hauptsächlich in der stabilen Form $M\cdot ADP\cdot P_i$ vorliegt. Aktin ist natürlich anwesend, wird aber im Ruhezustand daran gehindert, Stufe (3) zu beeinflussen. Bei der niedrigen Calciumkonzentration (10^{-7} mol kg^{-1}), die im ruhenden Muskel durch das sarkoplasmatische Retikulum (s. S. 79) aufrechterhalten wird, hemmen Tropomyosin und Troponin I irgendwie die Anziehung, die normalerweise zwischen Aktin und Myosin besteht; vielleicht durch Formveränderung der F-Aktin-Helix. Nur wenn der Ca^{2+}-Spiegel als Folge der Aktivierung (s. S. 80) steigt, wird diese Hemmung aufgehoben, so daß das Aktin in der üblichen Weise mit dem $M\cdot ADP\cdot P_i$ reagieren kann. Die Reaktionsfolge wird mit Hilfe von Abb. 4-9 vielleicht verständlicher.

Es ist immer noch nicht genau bekannt, worauf die Empfindlichkeit für Ca^{2+} beruht. Troponin C bindet Ca^{2+} mit Sicherheit reversibel. Der übrige Mechanismus beeinflußt in irgendeiner Weise die sieben Aktin-Monomere durch Fernkontrolle, die wahrscheinlich entlang des Tropomyosin-Moleküls ausgeübt wird. (s. MURRAY und WEBER, Scientific American, Febr. 1974, S. 58). Es handelt sich um eine sehr effektive Steuerung, was dadurch gezeigt wird, daß die ATP-Spaltungsrate in ruhenden Myofibrillen geringer (wahrscheinlich viel geringer) als 1/2000 der Rate in aktiven Myofibrillen beträgt. Bei einigen Tierstämmen gibt es eindeutige Befunde, die zeigen, daß die Ca^{2+}-Kontrolle vom Myosin ausgeübt wird. Die Vermutung erhärtet sich immer mehr, daß die sehr wirkungsvolle Kontrolle bei Wirbeltier-Muskeln sowohl von Myosin als auch von Aktin ausgeübt wird.

2.3 Substanzen zur Energiespeicherung

Proteine bilden die "Maschinerie" der Muskelzelle. Dieser Apparat besteht aus Enzymen, die ein komplexes System von chemischen Reaktionen steuern, die zur Bildung von ATP führen, und aus kontraktilen Proteinen, die ATP spalten und einen Teil der freiwerdenden Energie in mechanische Kraft und Arbeit umwandeln. ATP ist der wichtigste Energiespeicher, da es die einzige Substanz ist, die von den kontraktilen Proteinen direkt verwertet werden kann. Was ATP zu einem so besonderen Molekül macht,ist eines der wesentlichen noch ungelösten Rätsel der Biologie. Es besteht aber kein Zweifel daran, daß ATP zur Energietransformation bei solch verschiedenen Abläufen wie Muskelkontraktion, aktivem Transport und Biolumineszenz unbedingt benötigt wird. Auch bei der Photosynthese und der biochemischen Synthese von vielen wichtigen Verbindungen fungiert es als Energiespeicher. Übrigens ist die Messung des Lichtes, das von einem Extrakt aus Schwänzen von Leuchtkäfern ausgesandt wird, wenn ATP hinzugefügt wird, eine gebräuchliche und sehr empfindliche Methode zur ATP-Bestimmung. Die Lichtenergie an sich entsteht durch eine Oxidation, zu ihrer Freisetzung wird jedoch ATP unbedingt benötigt.

Trotz seiner großen Bedeutung ist ATP nur in geringen Mengen im Muskel vorhanden - nur etwa 3 mmol kg^{-1}, ausreichend für etwa 8 kurze Kontraktionen. (Die Angaben in diesem Absatz beziehen sich auf den Froschmuskel.) Da ein lebender Muskel offensichtlich jedoch weit mehr als achtmal zucken kann, folgt daraus, daß das während der Kontraktion gespaltene ATP sehr schnell unter Verwendung von Energie aus anderen Speichern wiederhergestellt werden muß. Der nächstliegende Speicher ist Kreatinphosphat. Es reicht mit 25 mmol kg^{-1} für etwa 70 Kontraktionen aus. Diese Energie steht während der fortlaufenden Kontraktionen zur Verfügung.

Dieser Speicher muß schließlich durch wesentlich langsamer ablaufende Erholungsprozesse wieder aufgefüllt werden, die ihre Energie aus der Oxidation eines Kohlenhydrates, nämlich des Glykogens, beziehen, das in Muskeln in Form von Granula gespeichert wird. Sehr anschaulich ist der alte Name "Leberstärke" für Glykogen. Wie Stärke besteht Glykogen aus polymerisierten Hexoseeinheiten. Mit 0,1 mol Hexose pro kg Muskulatur ist dieser Speicher sehr groß. Die Oxidation würde ausreichend Energie für 10 000 bis 20 000 Muskelzuckungen liefern. Wenn der Sauerstoffvorrat nicht ausreicht, was bei mäßiger Anstrengung durchaus möglich ist, kann immer noch Energie durch Abbau des Glykogens zu Milchsäure gewonnen werden. Die Gesamtenergie ist dann allerdings geringer und reicht nur für etwa 600 Zuckungen. Die Bedeutung dieser verschiedenen Energiespeicher für die Muskelarbeit wird auf Seite 87 diskutiert.

2.4 Anorganische Ionen

Bei der Kontrolle des Kontraktionsvorgangs spielen anorganische Ionen wichtige Rollen. Die Konzentration der einzelnen Ionen im Froschmuskel in mmol kg^{-1} wird in Klammern jeweils nach der erstmaligen Erwähnung des betreffenden Ions angegeben. Auf die wichtige Rolle von Magnesium (10) und Calcium (4) bei der Kontrolle der Aktomyosin-ATPase wurde bereits hingewiesen. Kalium (90) und Natrium (15) sind außerordentlich wichtig für den Aufbau der elektrischen Potentialdifferenzen über der Zellmembran, von denen die Weiterleitung der Aktionspotentiale abhängt (s. S. 78). Mit Hilfe dieser Aktionspotentiale gibt das Zentralnervensystem (ZNS) die Befehle zur Kontraktion an die Muskelfasern.

3 Struktur und Ultrastruktur des Muskels

Obgleich der grundlegende biochemische Mechanismus der Kontraktion mit Hilfe von Aktin, Myosin und ATP für alle Muskeln identisch zu sein scheint, gibt es doch Abwandlungen, entsprechend den verschiedenen Anforderungen, die an den Muskel gestellt werden. Alle Muskeln bestehen aus Fasern, die sowohl als einzelne Zellen wie auch als Syncytien vorkommen. Die Einteilung der Muskelfasern in verschiedene Typen basiert auf dem Vorhandensein oder Nicht-Vorhandensein einer regelmäßigen Querstreifung (vgl. Abb. 3-4), die mit einem gewöhnlichen Lichtmikroskop an der Faser zu erkennen ist. Bei Wirbeltieren sind der Herzmuskel und die Skelettmuskulatur quergestreift; die nicht-quergestreiften (glatten) Muskeln (vgl. Abb. 3-1) finden sich im Darm, in den Blutgefäßen und inneren Organen. Auch bei anderen Tierstämmen finden sich die quergestreiften Muskeln in der Regel dort, wo rasche Bewegung erforderlich ist, so z.B. in den Flugmuskeln der Insekten. Es besteht jedoch nicht immer eine Korrelation zwischen Struktur und Geschwindigkeit: Es gibt sogar einige glatte Muskeln, die sehr schnelle Bewegungen erlauben, z.B. die Muskeln, die für die Bewegung der Nickhaut bei der Katze zuständig sind. (Näheres über glatte Muskeln s. Kap. 8).

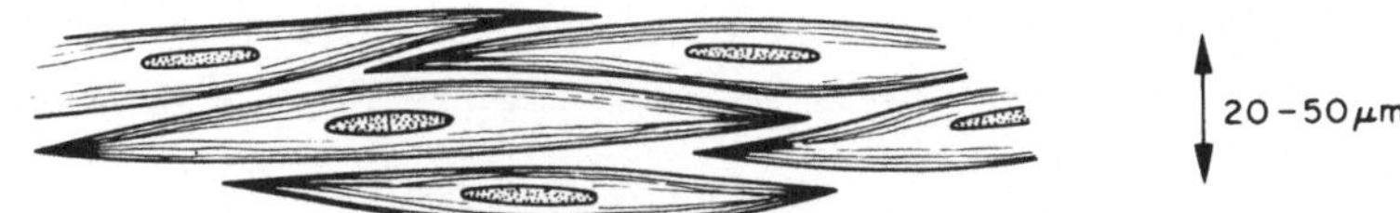

Abb. 3-1 Schematische Darstellung glatter Muskelzellen im Längsschnitt. Beachten Sie die spindelförmige Zelle mit einem Zellkern und fehlender Querstreifung

3.1 Der quergestreifte Muskel

Im ersten Kapitel und durch die Abbildungen 1-1 bis 1-7 wurden bereits der hohe Ordnungsgrad des quergestreiften Muskels beschrieben.

Bei allen Arten quergestreifter Muskulatur ist die Muskelfaser durch Trennwände, die Z-Scheiben, in kleine Segmente, die sogenannten "Sarkomere", unterteilt. Die Sarkomere sind die funktionellen Einheiten des kontraktilen Systems. Wie aus Abb. 3-2 hervorgeht, enthält jedes Sarkomer ein vollständiges A-Band und zwei halbe I-Banden. Die gesamte Struktur wird verständlicher, wenn man die Ultrastruktur betrachtet (Abb. 3-4 und 3-5).

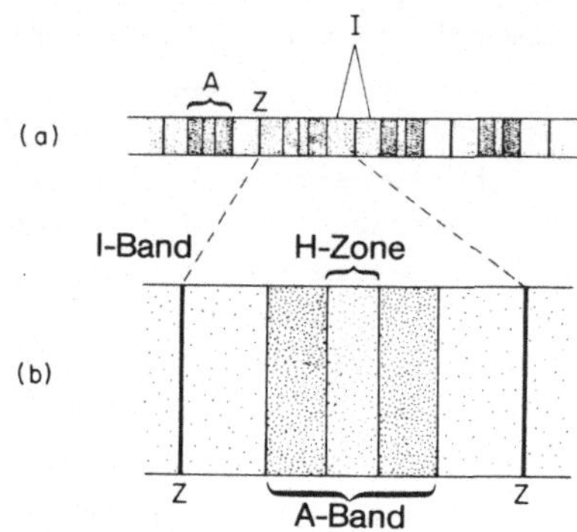

Abb. 3-2 a Schema einer einzelnen Myofibrille, wie sie im Interferenzmikroskop zu sehen ist.
b Schematische Darstellung eines einzelnen Sarkomers der unter a gezeigten Fibrille. (Nach STARLING und LOVATT EVANS: Principles of Human Physiologie, 13. Aufl. 1962. Hrsg. DAVSON und EGGLETON, Churchill, London).

3.1.1 Der Skelettmuskel

Dieser Muskel ist auch bekannt als "willkürlicher Muskel". Diese Bezeichnung ist irreführend, da die Assoziationen, die mit dem Attribut "willkürlich, unter der Kontrolle des Willens" verbunden werden, völlig unsinnig sind, wenn sie sich nicht auf den Menschen beziehen. Es gibt keine Möglichkeit zu unterscheiden, ob eine bestimmte Bewegung eines Frosches "gewollt" war oder nicht. Tatsache ist, daß die quergestreiften Muskeln von den Wirbeltieren sowohl für ihre voraussehbaren, automatisch erfolgenden Bewegungen (Reflexe) als auch für die nicht-vorhersehbaren ("willkürlichen") Bewegungen verwendet werden.
Eine Skelettmuskelfaser (s. Abb. 1-2) kann viele Zentimeter lang

sein und enthält Tausende von Sarkomeren. Im ruhenden Muskel beträgt die Länge eines Sarkomers ungefähr 2,5 μm. Diese Angaben helfen uns, eine Größenvorstellung der Strukturen in Abb. 3-4 zu erhalten.

3.1.2 Änderungen im Muster der Querstreifung als Folge von Änderungen der Faserlänge

Bei der Dehnung eines ganzen Muskels werden die einzelnen Sarkomere proportional gedehnt. Dies kann auf verschiedene Weise nachgewiesen werden. Die direkteste Methode ist die, Schnitte des Muskels unter dem Licht- oder Elektronenmikroskop zu betrachten. Es ist jedoch schwierig, das Auftreten von Artefakten, das durch die Fixationstechnik verursacht wird, auszuschließen. Daher ist eine andere Methode, bei der mit Lichtbrechung gearbeitet wird, umso wertvoller. Diese Methode kann für die Untersuchung des intakten lebenden Muskels angewendet werden. Wir wollen auf sie genauer eingehen, einerseits, weil für ihre Durchführung nur einfache Geräte gebraucht werden und andererseits, um das Prinzip der Methode, das auch für die Röntgenstrahlbeugung gilt, darzulegen (S. 44).

Infolge seiner Querstreifung wirkt der Muskel als optisches Gitter, wobei die Gitterabstände regelmäßig und mit der Sarkomerlänge identisch sind: AC = S (s. Abb. 3-3 a). Jede Z-Scheibe kann als eine neue Quelle angesehen werden, die Licht in alle Richtungen streut. In manchen Richtungen sind die Wellen des gestreuten Strahles in Phase, so daß sich die Wellen gegenseitig verstärken und das Licht hell wird. Die Bedingung für das erste Intensitätsmaximum ist, daß der Gangunterschied AB eine ganze Wellenlänge beträgt: AB = λ, wie in Abb. 3-3 gezeigt ist. Dann folgt aus dem Dreieck ABC:

$$\lambda / S = \sin \theta$$

Also kann, wenn die Wellenlänge λ bekannt ist und der Winkel θ experimentell gemessen werden kann, S leicht berechnet werden. Wenn S im Vergleich zu λ groß ist, können Spektren höherer Ordnung bei größeren Werten von θ gesehen werden, entsprechend 2λ, 3λ, etc. Eine praktische Anordnung, wie man θ messen kann, ist in Abb. 3-3 b dargestellt. Ein Spalt, der von weißem Licht ausgeleuchtet wird,

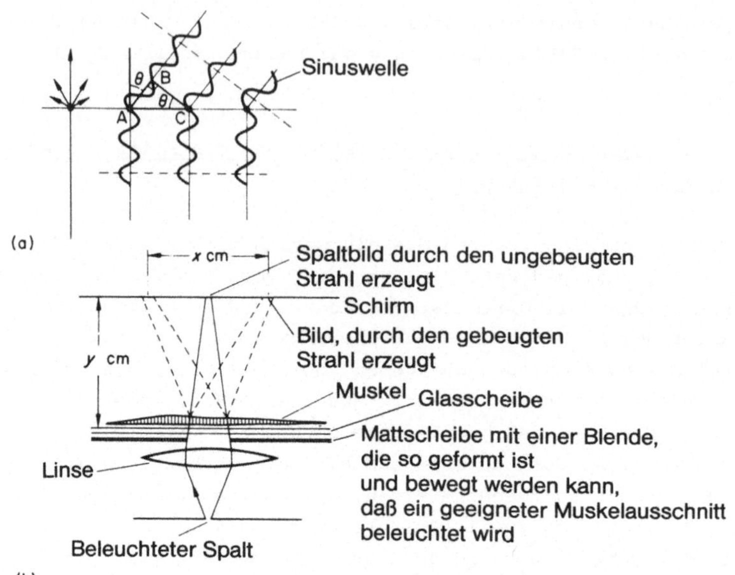

Abb. 3-3 a Theorie: AC = S, S = Sarkomerabstand (μm); AB = λ, λ = Wellenlänge des Lichts (nm).
b Versuchsanordnung.

wird mittels einer Linse auf einen Schirm abgebildet. Wenn ein quergestreifter Muskel dazwischengeschoben und die Apertur der Linse soweit geschlossen wird, daß alles Licht durch den Muskel gehen muß, kann man regenbogenfarbige Streifen zu beiden Seiten des zentralen Spaltbildes sehen. Die gelben Streifen (λ = 0,6 μm) sind am hervorstechendsten. Wenn die zwei gelben Streifen x cm auseinander liegen, und der Schirm y cm vom Muskel entfernt ist, gilt:

$$\tan \theta = x/2y \cong \lambda/S$$

daraus folgt:

$$S \cong 2y\lambda/x \ (\mu m)$$

Ein Muskel muß dünn sein, will man scharfe Streifen erhalten; der m. sartorius eines kleinen Frosches ist recht gut geeignet. Wenn der Muskel gedehnt wird, rücken die Streifen näher zusammen, und das zeigt, daß die Sarkomerlänge in der Tat durch die Dehnung zugenommen hat.

Diese Technik kann natürlich nur Informationen über die Veränderungen des gesamten Sarkomers liefern. Mehr Details gewinnt man durch die direkte Mikroskopie einzelner lebender Muskelfasern (A.F. HUXLEY und NIEDERGERKE, 1954) oder einzelner Myofibrillen (HANSON und H.E. HUXLEY, 1954). Diese Studien haben gezeigt, daß

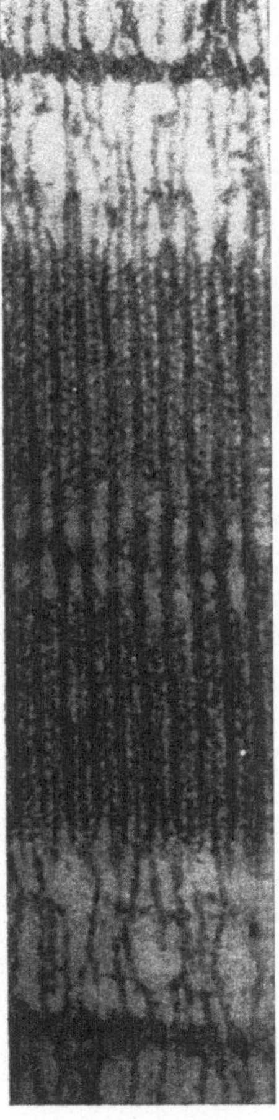

(a)

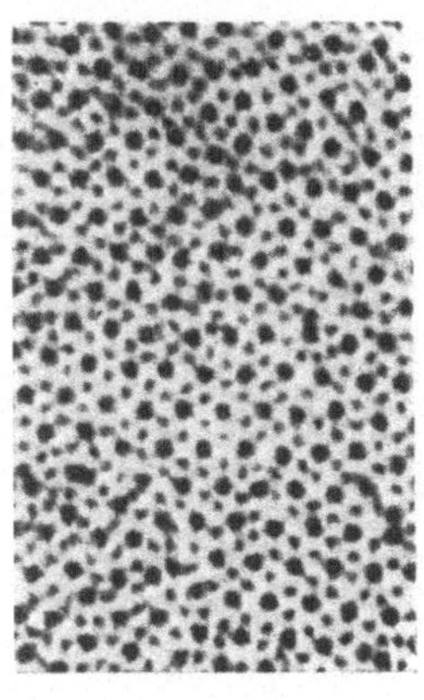

(b)

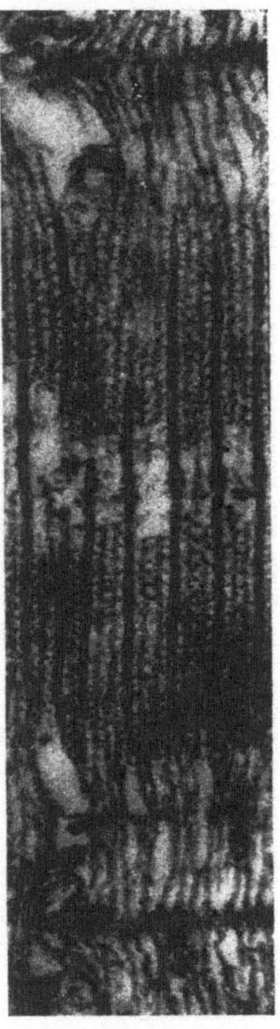

(c)

Abb. 3-4 (a und c) Längs- und (b) Querschnitte eines quergestreiften Muskels (vgl. Abb. 3-5). Der Querschnitt verläuft durch einen Abschnitt des A-Bandes, in dem dicke und dünne Filamente vorhanden sind. (Elektronenmikroskopische Aufnahmen von H.E. HUXLEY aus STARLING und LOVATT EVANS, 1962).

das A-Band seine Länge praktisch nicht verändert, die Veränderung tritt allein im I-Band auf. Der Grund dafür wird bei der Untersuchung elektronenmikroskopischer Bilder des Muskels offensichtlich (Abb. 3-4): das A-Band besteht aus "dicken" hexagonal angeordneten Myosinfilamenten (s. Abb. 3-5). Dünne Aktinfilamente verlaufen, von der Z-Scheibe ausgehend, zwischen den Myosinfilamenten. Sowohl Aktin- als auch Myosinfilamente ändern ihre Länge nicht, wenn sich ein Sarkomer verkürzt; vielmehr wird der Überlappungsgrad größer und nimmt umgekehrt bei Dehnung ab. Die dicken Filamente sind bei einer großen Anzahl von Vertebraten 1,5 bis 1,6 µm lang, die A-Scheibe ist deshalb ebenfalls 1,5 bis 1,6 µm lang. Die dünnen Filamente dagegen variieren von Spezies zu Spezies stärker; ihre Länge variiert von 2,05 bis 2,5 µm (gemessen von Spitze zu Spitze, die Z-Region eingeschlossen.)

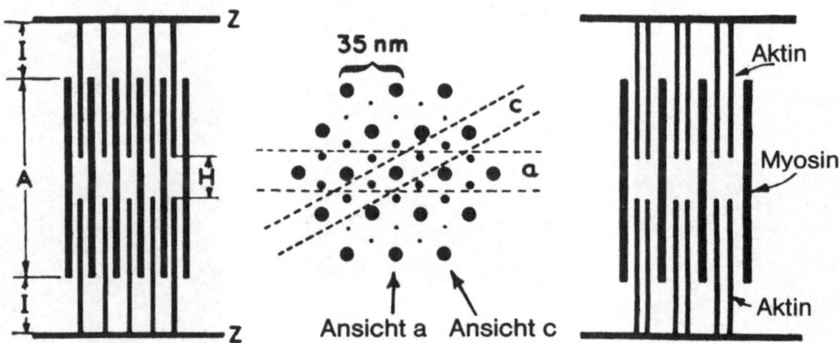

Abb. 3-5 Diagramme zur Verdeutlichung der in Abb. 3-4 gezeigten elektronenmikroskopischen Aufnahmen. Die beiden äußeren Darstellungen zeigen Längsschnitte. Die Schnittrichtung der Längsschnitte (a) und (c) ist in einem Querschnitt durch die Muskelfaser (mittlere Abb.) durch die parallelen Geraden (a) und (c) angedeutet. Sie weisen dementsprechend einfache oder doppelte Aktinfilamente zwischen den Myosinfilamenten auf. (Aus STARLING und LOVATT EVANS, 1962, Principles of Human Physiology, 13. Aufl. Hrsg. DAVSON und EGGLETON, Churchill, London).

Aus Abb. 3-4 und 3-5 lassen sich noch einige weitere interessante Tatsachen ableiten:

1. Die H-Zone ist die Region der A-Scheibe, in die die dünnen Filamente nicht vorgedrungen sind. Wird der Muskel gedehnt, wird auch die H-Zone länger.
2. Je nach Schnittwinkel sind entweder ein (a) oder zwei (c) dünne Filamente zu erkennen.
3. Zwischen den dicken und dünnen Filamenten kann man Querbrücken erkennen. Obgleich dies aus Abb. 3-4 nicht klar hervorgeht, ragen die Querbrücken in der Tat aus den dicken Filamenten heraus, unabhängig davon, ob dünne Filamente vorhanden sind oder nicht. Die Querbrücken sind nichts anderes als die enzymatisch aktiven Myosinköpfe (s. S. 30).
4. In der Mitte des dicken Filaments befindet sich eine etwa 0,2 µm lange querbrückenfreie Zone. Der Grund dafür ist, daß dieser Teil des Filaments vollständig aus LMM "Schwänzen" besteht (s. Abb. 2-2 a und b). Genau im Zentrum der A-Scheibe verdicken sich die Filamente (anders als die in Abb. 2-2 b gezeigten künstlichen Myosinfilamente), so daß eine zentrale M-Scheibe entsteht, in der die Myosinfilamente durch Querverbindungen zusammengehalten werden.

Die Struktur der Fibrillen anderer quergestreifter Muskeln, wie des Herzmuskels oder des Insektenflugmuskels, unterscheidet sich nur geringfügig von der hier gegebenen Beschreibung.

3.2 Die Gleitfilamenttheorie der Kontraktion

A.F. Huxley und H.E. Huxley haben diese Theorie etwa um 1950 ziemlich gleichzeitig, aber unabhängig voneinander entwickelt. Aufgrund der Erkenntnisse, die seit dieser Zeit über den Kontraktionsprozeß gewonnen werden konnten, ist diese Theorie heute ziemlich allgemein anerkannt. Die Gleitfilamenttheorie besagt, daß die Kontraktionskraft von den Querbrücken in der Überlappungszone erzeugt wird, und daß die aktive Verkürzung des Muskels durch eine Bewegung der Querbrücken zustande kommt, was dazu führt, daß die Filamente übereinander gleiten. Die Querbrücken haben einen Abstand von ungefähr 45 nm, was nur etwa 5 % der Länge eines halben Sarkomers entspricht. Doch können sich sowohl der Skelettmuskel als auch der Herzmuskel um etwa 30 % aktiv verkürzen, so daß jede

Querbrücke sich von einer Verbindungsstelle am Aktin lösen und sich an der nächsten wieder anheften muß. Dieser Prozeß wird fünf- bis sechsmal wiederholt. Die Bewegung der Querbrücken gleicht also der Bewegung eines Mannes, der ein Seil heranzieht und dabei immer wieder nachfaßt.

Bei manchen Insektenflugmuskeln beträgt die maximale Längenveränderung dagegen nur etwa 5 %, was möglicherweise ohne Anheften und Ablösen von Querbrücken zustande kommt.

Das zentrale Problem, mit dem sich die Muskelphysiologie derzeit beschäftigt, ist die Frage, wie der komplizierte Bewegungsmechanismus der winzigen Querbrücken zustande kommt - experimentell läßt sich dieser Mechanismus nur sehr schwer direkt untersuchen. Elektronenmikroskopische Aufnahmen (wie in Abb. 3-4) zeigen nicht die Situation des ruhenden Muskels, denn bei der Präparation von Muskelschnitten diffundiert ATP heraus, was dazu führt, daß der Muskel in den Starrezustand (Rigor) übergeht (s. S. 33). Die daraus resultierenden festen Verbindungen zwischen Aktin und Myosin können im Elektronenmikroskop tatsächlich gesehen werden.

Die einzige Methode, die Ultrastruktur am lebenden Muskel zu untersuchen, ist die Röntgenstrahlbeugung. Das Prinzip ist dasselbe wie bei der Lichtbeugung, das auf S. 40 erläutert wurde. Gebündelte Röntgenstrahlen gleicher Wellenlänge werden auf den lebenden Muskel gerichtet. Zum größten Teil geht der Strahl durch den Muskel hindurch und wird durch eine kleine Bleiplatte auf der anderen Seite absorbiert. Ein Teil der Röntgenstrahlen wird jedoch von Bezirken im Muskel mit hoher Elektronendichte gebrochen und fällt auf eine Photoplatte, auf der dann ein Muster entsteht, das für die Periodizität in der Ultrastruktur des Muskels charakteristisch ist. Die Röntgenstrahlen, mit denen üblicherweise gearbeitet wird, haben eine Wellenlänge von nur 0,15 nm, die viel kleiner ist als die Wellenlänge des Lichts (ca. 500 nm). Aus Abb. 3-3 wird deutlich, daß die Abstände, die man erkennen kann, so klein sein können, wie die Entfernung zwischen den Atomen eines Kristallgitters. Von größerem Interesse für unsere gegenwärtigen Fragestellungen sind Abstände bis zu einigen Zehn nm, die von der Ultrastruktur der Filamente herrühren. Solche Abstände lenken den Röntgenstrahl nur in einem sehr kleinen Winkel ab, und daher braucht man entsprechend experimentelles Geschick, um den schwachen gebeugten Strahl von dem viel stärkeren, nicht abgelenkten Strahl zu unterscheiden. Die ersten erfolgreichen Kleinwinkelbeugungen wurden von H.E. Huxley um 1950 durchgeführt. Das wesentliche und damals ziemlich überraschende Ergebnis bestand darin, daß sich das longitudinale Muster (anders als das, das bei der Beugung von sichtbarem Licht gefunden wird) nicht ändert, wenn der Muskel gedehnt wird. Dies war der erste Hinweis darauf, daß die Proteinketten die Fähigkeit besitzen müssen, aneinander vorbeizugleiten, ohne dabei stark deformiert zu werden. Dies ist eine wichtige Grundlage der Gleitfilamenttheorie.

Jüngste Fortschritte in der Röntgentechnik haben Beugungsbilder ermöglicht, die sehr viel mehr Details zeigen (s. Abb. 3-6). Sie zeigen sogar viele Einzelheiten, für die bisher noch keine Erklärung gefunden werden konnte. Die im folgenden aufgeführten Grundzüge der Bilder jedoch scheinen gut begründet zu sein.

(a) Die transversale Beugung am "Äquator" des Bildes kommt durch die regelmäßige hexagonale Anordnung der dicken Filamente zustande.

(b) Die Beugung entlang der Längsachse ergibt sich aus den periodisch wiederkehrenden Strukturen entlang der Myosin- und Aktinfilamente, wie in Abb. 3-6 b zu erkennen ist.

(c) Ungefähr parallel zum Äquator verlaufen beiderseits sogenannte Schichtlinien, die durch die regelmäßige helikale Anordnung der Querbrücken an den Myosinfilamenten zustande kommen. Dementsprechend findet man beim ruhenden Muskel solche Linien bei 14,3 und 42,9 nm, die den Beschreibungen auf S. 31 entsprechen. Die Linien bei 21,5 und 10,7 nm sind höhere Ordnungen des 42,9 nm - Abstandes.

3.3 Änderungen der Röntgenstrahlbeugung im Zusammenhang mit funktionellen Änderungen des Muskels

3.3.1 Längenänderungen

Wie bereits erwähnt wurde, führt dies nicht zu einer Veränderung des longitudinalen Beugungsmusters, wodurch gezeigt wird, daß die Aktin- und Myosinfilamente ohne Deformation übereinandergleiten. Die Abstände am Äquator verändern sich dagegen; denn der Muskel verändert sein Volumen nicht, wenn er gedehnt wird, so daß die Filamente näher zusammenrücken. Der Strahl wird dadurch stärker

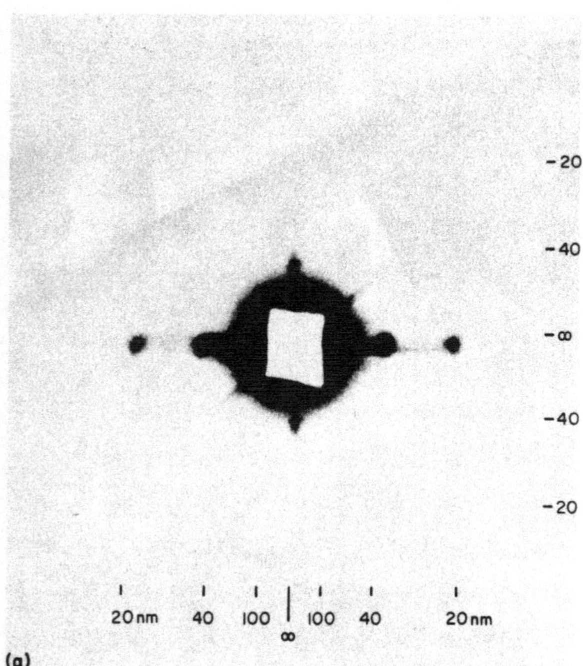

-20 nm
-40
-∞
-40
-20 nm
20 nm
40
100
∞
100
40
20 nm
(a)

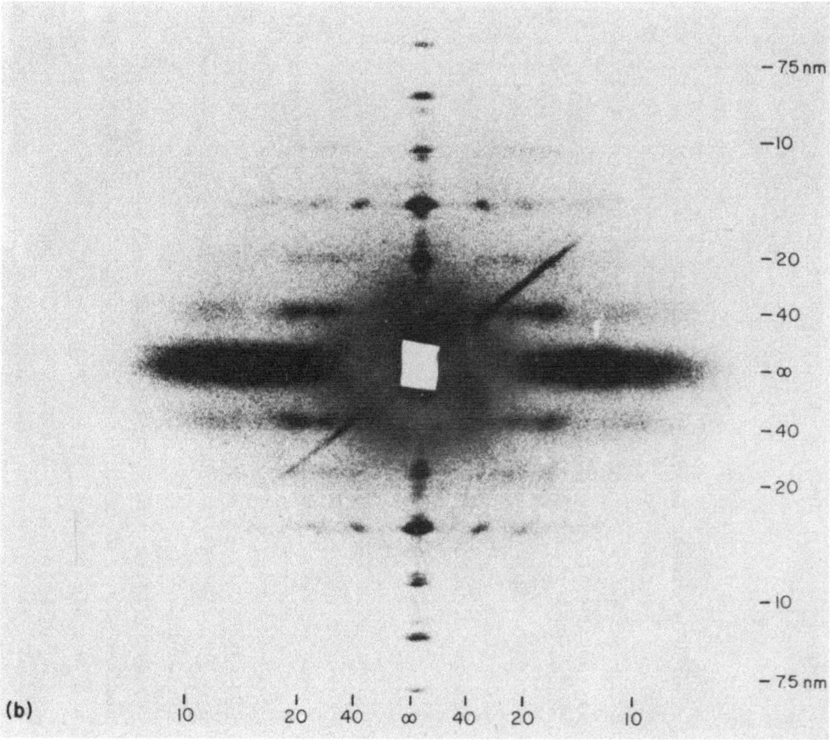

-7.5 nm
-10
-20
-40
-∞
-40
-20
-10
-7.5 nm
10
20
40
∞
40
20
10
(b)

Abb. 3-6 Röntgenstrahlbeugungsbilder eines lebenden Muskels im Ruhezustand. Entlang der Senkrechten erkennt man Reflexe, die durch "Periodizitäten" entlang der Längsachse des Muskels zustande kommen (z.B. durch die helikale Struktur des Aktinfadens). Die Abstände der periodisch wiederkehrenden Strukturen (in nm) spiegeln sich in den Abständen der Reflexe vom Zentrum der Abb. wider. Sie stellen Beugungsspektren 1. Ordnung dar, für die auf der Skala rechts im Bild angegebenen "Periodizitäten" der Struktur (die reziproke Skala erklärt sich aus Abb. 3-3). Den entlang der mittleren Horizontalen (Äquator) gezeigten Reflexe entsprechen periodische Strukturen senkrecht zur Längsachse des Muskels (z.B. transversaler Abstand zwischen den dicken Filamenten, vgl. 3-6 a) mit zugehöriger Skala (in nm) am unteren Bildrand. Leider ist es unmöglich alle Periodizitäten auf einer Photographie abzubilden, da sie verschieden exponiert werden müssen. (a) zeigt die transversalen Abstände der Myosinfilamente; (b) zeigt in der Senkrechten die entlang der Längsachse des Muskels verlaufenden Periodizitäten der Myosinfilamente; die horizontalen Schichtlinien links und rechts der mittleren Senkrechten (Meridian) stammen von den Querbrücken. Der 5,5 nm Reflex des Aktins ist leider außerhalb der Skala. Die Diagonallinie ist ein durch das System der Monochromatoren bedingter Artefakt; das weiße Viereck entspricht der Bleiblende für den direkt ungebeugt einfallenden Röntgenstrahl. (Aufnahme von H.E. HUXLEY).

gebeugt, die äquatorialen Abstände weichen auseinander.

3.3.2 Rigor

Wenn der Muskel erstarrt, ändern die Schichtlinien, die von den Querbrücken stammen, ihren Abstand auf etwa 38 nm, der damit etwa der Aktin-Helix entspricht. Wahrscheinlich bedeutet dies, daß sich die Querbrücken tatsächlich in diesen Abständen an die Aktin-Helix anheften. Die äußeren Reflexe der Strahlen am Äquator

(s. Abb. 3-6 a) werden intensiver als die inneren.

3.3.3 Kontraktion

Jüngste Fortschritte in der Röntgenstrahltechnik haben dazu geführt, daß die Belichtungszeit auf wenige Minuten verkürzt werden konnte (im Gegensatz zu vielen Stunden, die früher benötigt wurden). Aufgrund der Ermüdung des Skelettmuskels ist es nicht möglich, ihn für die gesamte Zeitspanne des Belichtungsprozesses im Zustand der Kontraktion zu erhalten. Es hat sich aber gezeigt, daß es möglich ist, die erforderliche Gesamtbelichtung zu erreichen, indem man 600 kurze Kontraktionen einzeln "aufnimmt". So wurde herausgefunden, daß die Schichtlinien während der Kontraktion verschwinden. Eine mögliche Erklärung dafür wäre, daß die Querbrücken sich in Bewegung befinden und nicht mehr in einem regelmäßigen Muster angeordnet sind. Die äquatorialen und axialen Reflexe verändern sich nicht. Jedoch verstärkt sich die relative Intensität der äußeren äquatorialen Reflexe (Abb. 3-6 a) etwa um die Hälfte des während des Rigors gemessenen Wertes. Das könnte als eine "Auswärtsbewegung" der Querbrücken interpretiert werden, die offenbar gleich zu Beginn der Aktivität des Muskels stattfindet.

4 Muskelkontraktion

In diesem Kapitel werden wir uns von den submikroskopischen Einzelheiten der Molekularstruktur abwenden und zur Betrachtung der makroskopischen Vorgänge bei der Kontraktion des intakten Muskels oder seiner Muskelfasern übergehen. Die primäre Funktion des Muskels ist mechanischer Art: der Muskel muß in der Lage sein, kontrollierbar Kraft zu entwickeln und mechanische Arbeit zu leisten, indem er sich gegen eine Kraft verkürzt. Eine sekundäre Funktion der Muskeln ergibt sich daraus, daß sie viel Wärme erzeugen können, die bei der Aufrechterhaltung der Körpertemperatur bei Warmblütern und bei der Erhöhung der Körpertemperatur bei Kaltblütern eine lebenswichtige Rolle spielen kann.

4.1 Experimente am lebenden Muskel

Der erste Teil dieses Kapitels behandelt experimentelle Methoden. Sollten Sie in erster Linie an den Ergebnissen und nicht so sehr an der Art und Weise, wie sie erzielt werden, interessiert sein, so lesen Sie bitte weiter auf S. 56.

4.1.1 Überleben des Gewebes

Der Muskel ist ein unempfindliches Gewebe und bleibt auch außerhalb des Körpers relativ lange am Leben, wenn einige einfache Vorsichtsmaßnahmen getroffen werden. Es muß verhindert werden, daß der Muskel austrocknet. Dies geschieht, indem er in eine "physiologische Lösung" geeigneter osmotischer Stärke und Ionenzusammensetzung gelegt wird. Die meisten Muskeln enthalten reichliche Vorräte an Nährstoffen, aber es gibt auch Muskeln, wie z.B. die glatte Muskulatur der "taenia coli" des Darmes, denen permanent Glukose zugeführt werden muß. Die "physiologische Lösung" übernimmt die Funktion der Gewebeflüssigkeit, von der der Muskel im Tierkörper umgeben war, und sie sollte etwa die gleiche Konzentration anorganischer Salze haben wie das Blut. Die Lösung braucht nicht sehr kompliziert zu sein. So kann z.B. ein Froschmuskel zwei Wochen lang in einer Lösung aus 115 mmol kg^{-1} NaCl, 2,5 mmol kg^{-1} KCl und 2 mmol kg^{-1} $CaCl_2$ leben, wenn eine bakterielle Zersetzung verhindert werden kann.

Viel schwieriger ist es, eine adäquate Sauerstoffversorgung zu gewährleisten. Nur wenn der Muskel sehr dünn ist (dünner als 1 mm), kann man sich auf die einfache Diffusion von Sauerstoff außerhalb des Muskels verlassen (und das auch nur dann, wenn die Lösung nicht mit Luft, sondern mit reinem Sauerstoff gesättigt ist). Wenn während Aktivität im Inneren des Muskels ein schwerer Sauerstoffmangel auftritt, wird der Muskel bald aufhören zu kontrahieren und schließlich absterben. Um Versuche mit großen Muskeln wie denen der Säugetiere anstellen zu können, ist es wesentlich, eine intakte Zirkulation mit sauerstoffgesättigtem Blut sicherzustellen.

4.1.2 Reizung

Zu experimentellen Zwecken wird der Muskel in der Regel mit einem kurzen elektrischen Schock gereizt. Für spezielle Zwecke - vor allem beim glatten Muskel - kann auch mit chemischer Stimulation gearbeitet werden. So können z.B. KCl, Acetylcholin und Koffein Kontraktionen auslösen, und sie tun dies durch Einwirkung auf völlig verschiedene Teile des Erregungsmechanismus, wie im nächsten Kapitel erklärt wird.
Elektrische Stimulation ist jedoch für die meisten Zwecke am leichtesten zu handhaben, da die kurzen elektrischen Impulse, die gebraucht werden (Dauer 0,1 - 10 ms) ausgesprochen einfach erzeugt und kontrolliert werden können. In Abb. 4-1 sind drei billige und einfache Anordnungen gezeigt: Werden wiederholte Pulse gebraucht, so muß der Umschalter durch ein Relais, das von einem Oszillator getrieben wird, ersetzt werden. Wenn nicht mit einzelnen Stromstößen, sondern nur repetitiv stimuliert werden muß, ist es am einfachsten, mit der 50-Hertz-Frequenz der Netzspannung zu arbeiten (Abb. 4-1 c). Zur Durchführung komplizierter Experimente wird ein elektronisches Reizgerät benötigt. Je nach Konstruktion kann es nicht nur die Stärke und Dauer der Reizimpulse variieren, sondern diese auch in einem vorgegebenen Muster abgeben.

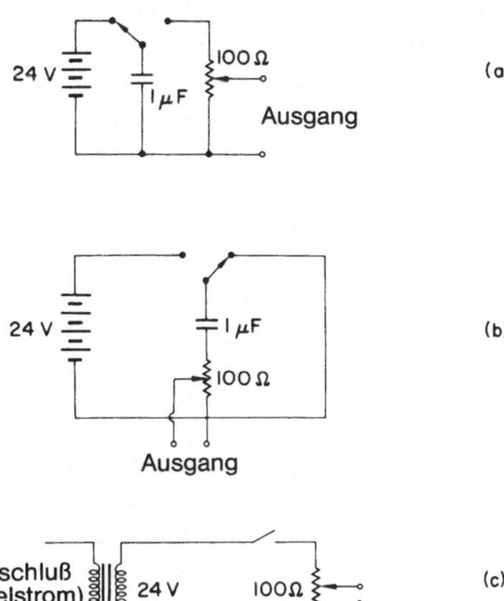

Abb. 4-1 Einfache Stimulatoren:
(a) Bei Betätigung des Schalters wird je ein Impuls abgegeben;
(b) zwei Impulse werden in entgegengesetzter Richtung abgegeben, dadurch werden Elektrolyse und Polarisation gering gehalten;
(c) andauernde Stimulation.

4.1.3 Reizelektroden

Die elektrischen Reize werden über Elektroden zu dem Nerv, der den Muskel versorgt (indirekte Reizung) oder zum Muskel selbst (direkte Reizung) geleitet. Selbst wenn der Reiz direkt an die Muskeloberfläche angelegt wird, wird er sehr wahrscheinlich eher die Nervenenden im Muskel aktivieren als die Muskelfasern direkt stimulieren, wenn nicht Vorkehrungen getroffen werden, die neuromuskuläre Übertragung mit Hilfe von Curare zu blockieren.

Die Reizelektroden bilden eine Grenzfläche zwischen dem Metall des Stromkreises und der Salzlösung, in der sich der Muskel befindet; an dieser Stelle kann es zur Elektrolyse der Lösung kommen, bei der Stoffe gebildet werden, die den Muskel schädigen können. Aus diesem Grunde sollte der Gebrauch von Kupfer- oder Messingelektroden vermieden werden, da Cu^{2+}-Ionen toxisch sind. Mit Silberchlorid beschichtete Silberdrähte sind brauchbar, da der gesamte Strom von den Cl-Ionen geleitet wird, jedoch nur dann, wenn nur ein sehr kleiner Strom fließt. Wenn möglich, sollten inerte Platin- oder Graphitelektroden verwendet werden.

4.2 Geräte zur Registrierung mechanischer Veränderungen

Gewöhnlich werden zwei Arten von mechanischen Messungen gemacht. Bei der einen, der isometrischen Messung, wird die Länge des Muskels, so gut es geht, konstant gehalten, und die Veränderung der Spannung wird aufgezeichnet. Bei der anderen, der isotonischen Messung, wird die Spannung konstant gehalten und die Längenveränderung des Muskels gemessen. Es ist nichts besonders Geheimnisvolles an diesen beiden Meßarten: sie stellen lediglich eine gebräuchliche, wenn auch willkürliche Untersuchungsmethode zweier Aspekte des Verhaltens eines Muskels dar, und die gewonnenen Daten stehen in enger Beziehung zueinander (Abb. 4-8, S. 67). Im letzten Jahrhundert machte man diese Messungen durch Befestigung des Muskels an einen geeigneten Hebel, dessen Spitze direkt auf berußtem Papier schrieb. So einfache Geräte sind heute nicht mehr in Mode, können aber noch zu Lehrzwecken und, richtig eingesetzt, sogar zu bestimmten Forschungsaufgaben verwendet werden. Um höchste Genauigkeit zu erzielen, ist es jedoch wesentlich, Kraftwandler zu benutzen, die die mechanische Variable, Längen- oder Spannungsänderung, in ein proportionales elektrisches Signal umsetzen, das mit Hilfe eines Oszilloskops oder eines elektrisch betriebenen Schreibers registriert werden kann.

Abb. 4-2 a zeigt einen typischen, rein mechanischen isometrischen Hebel. Der Schreibarm ist fest mit einer flachen Stahlfeder verbunden, die sich, wenn der Muskel Kraft ausübt, bewegt, so daß die Schreibspitze abgelenkt wird. Bei einem isotonischen Hebel (Abb. 4-2 b) ist der Hebel frei drehbar angebracht, wenn möglich in

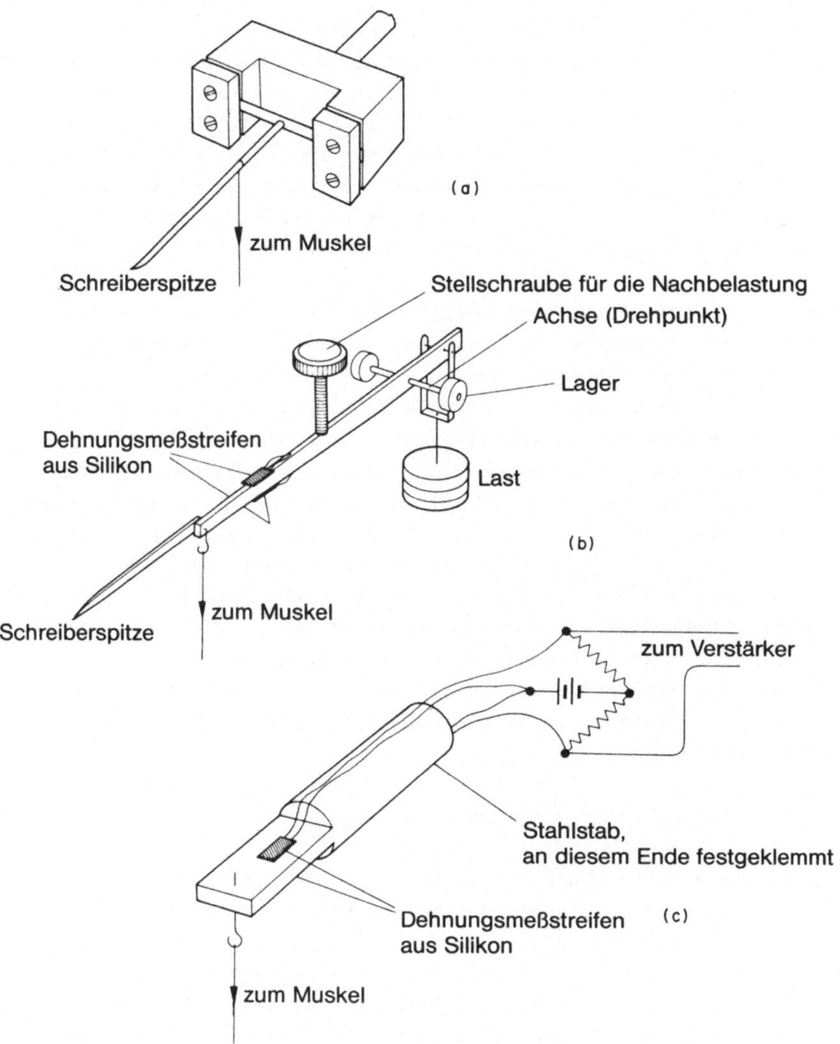

Abb. 4-2 Geräte für mechanische Aufzeichnung.
(a) Mechanischer isometrischer Hebel;
(b) kombinierter isotonischer und isometrischer Hebel;
(c) isometrischer Meßwertumformer mit Meßstreifen aus Silikon, die in einer Wheatstone'schen Brücke zusammengeschaltet werden.

einem Kugel- oder Edelsteinlager. Außerdem sind Vorrichtungen vorhanden, die es ermöglichen, nahe der Achse verschiedene Gewichte anzuhängen (um die wirksame Trägheit herabzusetzen). Die Anfangslänge des Muskels kann mit einer Stellschraube für die Nachbelastung bestimmt werden. Dieser Hebeltyp kann auch mit einem Meßwertumformer anstelle einer Schreibspitze ausgerüstet sein, beispielsweise so, daß ein Teil eines auf eine Photozelle fallenden Lichtstrahls durch den Hebel unterbrochen wird.

Der isometrische Hebel kann ähnlich verändert werden, doch erhält man bessere Ergebnisse, wenn man mit einem völlig anderen Typ des Meßwertumformers arbeitet, der in Abb. 4-2 c gezeigt ist. Der nach dem heutigen Stand der Technik wohl beste Kraftwandler ist ein Dehnungsmeßstreifen aus Silikon, dessen elektrischer Widerstand durch minimale Änderungen der Länge des Meßstreifens verändert wird. Zwei Meßstreifen, die auf beide Seiten einer geeignet großen Blattfeder geklebt und zu einer Wheatstone-Brücke verbunden werden, stellen einen vortrefflichen Kraftwandler dar. Am besten ist es, wenn die Meßstreifen auf die Ober- und Unterseite des isotonen Hebels geklebt werden, wie es in Abb. 4-2 b durch die schraffierten Streifen angedeutet ist. (Diese Anordnung hat R.C. Woledge als erster vorgeschlagen.) Auf diese Weise können Spannung und Länge gleichzeitig von einem einzigen Hebel registriert werden.

4.2.1 Eigenschaften von Muskel-"Hebeln"

Bei der Einschätzung der Qualität dieser oder anderer Registriergeräte spielen drei Eigenschaften eine Rolle: Empfindlichkeit, Stabilität und Frequenzgang. Der Frequenzgang bezieht sich auf die Genauigkeit, mit der das Gerät schnellen Veränderungen folgen kann. Viele Geräte, wie der isometrische Hebel (s. Abb. 4-2 a und c) haben eine Eigenfrequenz, und diese begrenzt die Leistungsfähigkeit des Gerätes. Die Grenzfrequenz ist für (c) viel höher als für (a).

Wichtig sind weiterhin der Dämpfungsfaktor und die Reibung, wie Abb. 4-3 zeigt. Wirkt eine Kraft plötzlich auf den Hebel ein (s. obere Linie der Zeichnung), so folgt die Bewegung des Hebels nicht

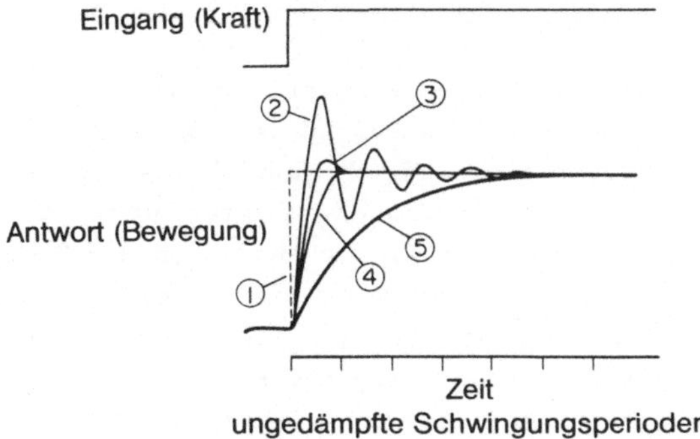

Abb. 4-3 Antwort von Instrumenten (wie z.B. des isometrischen Hebels aus Abb. 4-2) auf die plötzliche Eingabe eines rampenförmigen Signals. Die gestrichelte Linie (1) zeigt eine vollkommen unverzerrte Antwort. Die Kurven (2) - (5) zeigen die Wirkung allmählich zunehmender Dämpfung. (Aus STARLING und LOVATT EVANS, 1962, Principles of Human Physiology (13. Aufl.), Hrsg. DAVSON und EGGLETON, Churchill, London.)

unmittelbar der Veränderung der Kraft; d.h. sie entspricht nicht Linie 1, sondern einer der anderen Linien. Ist die Dämpfung zu gering, so oszilliert der Hebel (Linie 2); ist sie zu stark, so dauert es einige Zeit, bis der Hebel seine Endposition erreicht hat (Linie 5). In jedem Fall geht viel Zeit verloren, bevor der Hebel zum Stillstand kommt. Die Dämpfung sollte daher auf einen Mittelwert festgelegt werden (4 oder noch besser 3). Der Hebel kommt dann in einer Zeitspanne, die etwa einer ungedämpften Schwingungsperiode entspricht, zur Ruhe. Es läßt sich zeigen, daß ein solcher Hebel sehr genau auf Kraftänderungen anspricht. Eine kurze Einschwingzeit ist eine sicherlich erwünschte Eigenschaft - leider kann diese nur um den Preis einer hohen Steifigkeit des Kraftaufnehmers und entsprechend niedriger Empfindlichkeit erreicht werden. Wie in den meisten Fällen ist ein Kompromiß erforderlich.

Ein isotonischer Hebel weist keine Eigenschwingung, sondern nur Trägheit auf, deren Wirkung an der Anheftungsstelle des Muskels so klein wie möglich gehalten werden sollte.

4.3 Die Beziehung zwischen Reizstärke und Antwort

Ein typischer quergestreifter Muskel reagiert auf einen adäquaten Einzelreiz mit einer Zuckung, d.h. einer kurzen Kontraktionsperiode mit nachfolgender Entspannung. Wie aus Abb. 4-4 a hervorgeht, ist die Dauer der Zuckung abhängig vom untersuchten Muskeltyp, und beim jeweiligen Muskel ist sie abhängig von der Temperatur. Wie bei vielen anderen biologischen oder chemischen Reaktionen, kann eine Erhöhung der Temperatur um 10° C die Geschwindigkeit um das Zwei- bis Dreifache steigern. Es reicht jedoch nicht aus, einen solchen Zusammenhang anzunehmen: er muß anhand von Versuchen nachgewiesen werden.

Die Stärke der Zuckung hängt ab von der Stärke des Reizes (s. Abb. 4-4 b). Bei sehr schwachem Reiz geschieht nichts; doch sobald die Stärke des Reizes über der Reizschwelle liegt, findet man eine schwache Reaktion, die sich stetig vergrößert, bis der Reiz seinen Maximalwert erreicht. Dieser Effekt tritt auf, weil der schwache Reiz lediglich einige wenige Muskelfasern in der Nähe der Elektroden stimuliert, wo die Stromdichte am größten ist, während ein maximaler Reiz alle Muskelfasern stimuliert. Selbstverständlich muß bei Versuchen zu den mechanischen Eigenschaften des Muskels (und ebenso den meisten anderen Eigenschaften) darauf geachtet werden, daß nur mit supramaximalen Reizen gearbeitet wird; andernfalls ist es unmöglich, reproduzierbare Ergebnisse zu erzielen.

Im nächsten Kapitel werden wir sehen, daß die Reaktion jeder einzelnen Muskelfaser nicht abgestuft, sondern vom Typ einer Alles-oder-Nichts-Antwort ist (vgl. gestrichelte Linie). Ist ein Reiz stark genug, um überhaupt eine Reaktion auszulösen, so ist diese von maximaler Stärke. Von Geweben, die dieses Verhaltensmuster zeigen, wird manchmal gesagt, daß sie dem Alles-oder-Nichts-"Gesetz" gehorchten, doch läßt sich dieses kaum als Gesetz bezeichnen. Bei vielen Muskeltypen zeigt sogar die einzelne Muskelfaser abgestufte Reaktionen. Andererseits weist das gesamte Herzmuskelgewebe die Alles-oder-Nichts-Eigenschaft auf, da sich die Erregung frei von einer Muskelzelle zur nächsten ausbreiten kann. Es ist wichtig, sich auch darüber im Klaren zu sein, was mit dem

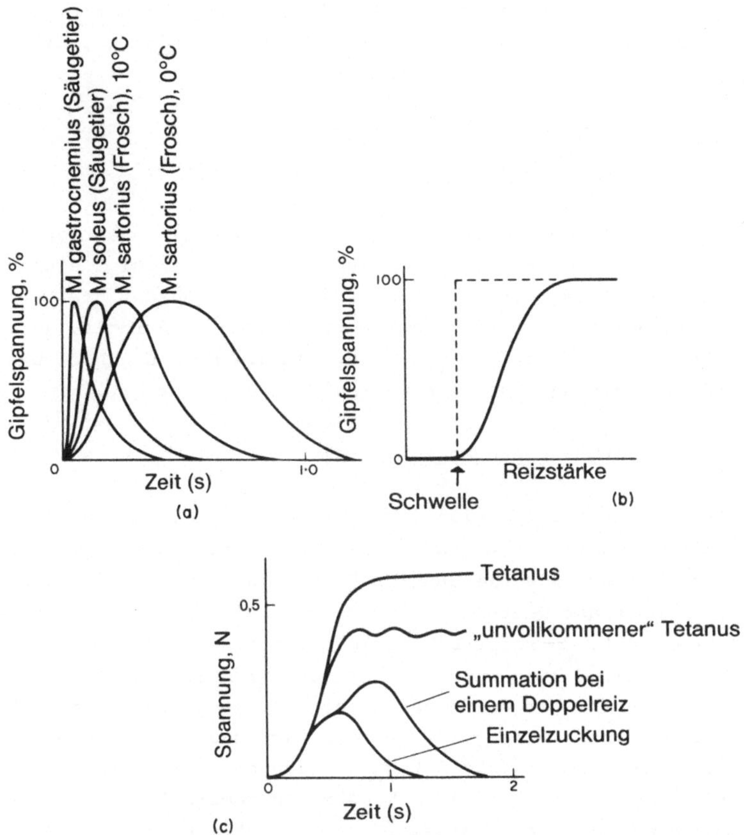

Abb. 4-4 (a) Graphische Darstellung der normierten Zuckungen von Muskeln verschiedener Spezies bei unterschiedlichen Temperaturen.

(b) Relation zwischen Reizstärke und Antwort. Die gestrichelte Linie zeigt eine Alles-oder-Nichts-Antwort, die durchgehende eine abgestufte

(c) Summation der Antworten bei wiederholter Reizung. Froschmuskel, 0° C.

Alles-oder-Nichts-"Gesetz" nicht ausgedrückt ist: Das Gesetz fordert nicht, daß die Stärke aller Reaktionen gleich ist. Sie kann infolge von Ermüdung abnehmen oder aber, als Ergebnis eines vorangegangenen Reizes, zunehmen; dieser Effekt wird Bahnung ("facilitation") genannt. Der kritische Punkt dabei ist, daß die Stärke der Reaktion, nicht durch eine Erhöhung der Reizstärke erhöht werden kann.

4.3.1 Wiederholte Reizung: Zuckung und Tetanus

Wird der Muskel ein zweites Mal gereizt, bevor die Reaktion auf den ersten Reiz vollständig abgeklungen ist, so erfolgt eine Summation der Antworten, wie Abb. 4-4 c zeigt. Werden die Reize regelmäßig bei ausreichend hoher Reizfrequenz wiederholt, so ergibt sich ein "glatter" Tetanus, bei dem die Spannung hoch bleibt, solange die Reizung anhält, bzw. bis Ermüdung eintritt.

4.4 Das Längen-Spannungs-Diagramm

Ein ruhender Muskel ist elastisch. Er kann nur durch Anwendung von Kraft gedehnt werden. Je größer die Kraft ist, desto größer ist auch die Dehnung, wie die unteren Kurven in Abb. 4-5 a, b und c zeigen. Sie zeigen weiterhin, daß der Muskel nicht dem Hooke'schen Gesetz gehorcht, da seine Dehnbarkeit mit zunehmender Dehnung abnimmt; d.h. die Kurven werden immer steiler. Die Ruheelastizität entsteht größtenteils durch das bindegewebige Netzwerk im Muskel, dessen Fasern bei Dehnung des Muskels nach und nach gestrafft werden. Genau derselbe Effekt ist zu beobachten, wenn ein Strickstrumpf gedehnt wird. Wie in Abb. 4-5 d dargestellt, liegt das Bindegewebe funktionell parallel zum kontraktilen Element (CE), es bildet daher ein parallelelastisches Element (PE); daneben gibt es noch elastische Strukturen, teils in den Sehnen, die ein serie-elastisches Element (SE) bilden. Wird der Muskel gereizt, so entwickelt das kontraktile Element eine Spannung, die entsprechend der Länge des Muskels variiert (vgl. die d-Kurven in Abb. 4-5 a, b und c). Da CE und PE parallel geschaltet sind, müssen ihre Spannungen addiert werden; die obere Kurve, a, gibt folglich an, was in jedem Fall an Kraft tatsächlich registriert wird. Der große Unterschied im Verlauf der a-Kurven in Abb. 4-5 a und c (bemerkenswert ist z.B. das Fehlen eines Tals in a) resultiert lediglich aus der unterschiedlichen Überlappung der CE- und PE-Kurven, und daher letztlich aus der Menge und Verteilung des

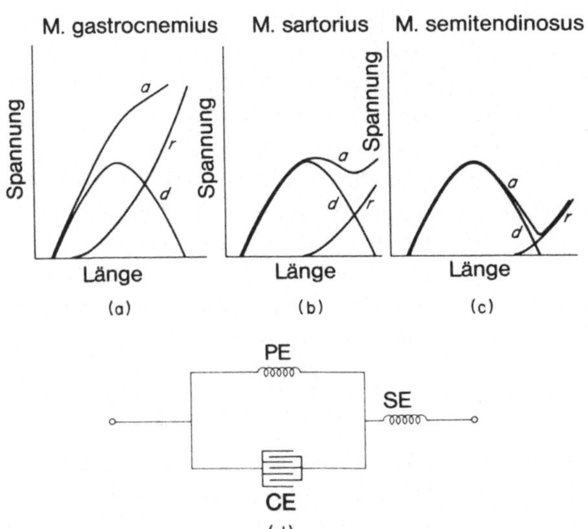

Abb. 4-! edener
len gibt
uhe an.
a zeigt die des aktiven Muskels und d (= a - r) gibt die nach Stimulation zusätzlich entwickelte Kraft an. Beachte, daß a, selbst wenn d und r für alle Muskeln gleich sind, sehr unterschiedlich ausfällt; dies ist abhängig davon, bei welcher Länge die Ruhespannung einsetzt.

(d):Mechanisches Analogmodell eines Muskels:
CE = kontraktiles Element;
PE = parallel elastisches Element;
SE = serie-elastisches Element.

Bindegewebes im Muskel.
Beachten Sie, daß all diese Kurven durch Festlegung der Länge des Muskels <u>vor</u> der Reizung entstanden sind. Wird die Länge verändert, während der Muskel aktiv ist, erhält man komplexere Ergebnisse. Mit Kraftveränderungen infolge kleiner (≅ 1 %) plötzlicher Längenveränderungen wurde in Experimenten zur Untersuchung der Querbrücken gearbeitet. Die Querbrücken tragen wesentlich zur Serie-

Elastizität bei, und es scheint, als werde ihre Lage ebenso wie auch ihre Anheftungs- bzw. Ablösungsrate durch die mechanischen Gegebenheiten verändert.

Die maximale Spannung, die bei tetanischer Reizung entwickelt wird, bewegt sich im Bereich von 150 bis 400 mN/mm^2 (Frosch, Säugetier) bis hin zu etwa 1 N/mm^2 (Muschel). Wenn die Spannungsentwicklung eines bestimmten Muskels beschrieben werden soll, so muß darauf geachtet werden, das Ergebnis "pro Einheit der Querschnittfläche" anzugeben; andernfalls ist ein Vergleich zwischen verschiedenen Muskeln sinnlos. Die Länge (l) in mm und das Gewicht (m) in mg eines Muskels sind leichter meßbar als seine Querschnittfläche. Ist also der Querschnitt relativ einheitlich, ist es zweckdienlich, seine Fläche durch m/l zu berechnen, wobei eine Dichte von 1 mg/mm^3 angenommen wird.

4.5 Das Längen-Spannungs-Diagramm und die Gleitfilamenttheorie

Eine der frühesten Vorhersagen der Gleitfilamenttheorie besagte, daß, wenn ein Muskel gedehnt wird, die Überlappungszone der dicken und dünnen Filamente kleiner werden müßte, und die entwickelte Spannung ebenfalls abnehmen sollte. Seit einem Jahrhundert weiß man, daß es sich tatsächlich so verhält (vgl. die rechte Flanke der d-Kurven in Abb. 4-5). Allerdings erwies es sich als äußerst schwierig, einen quantitativen Vergleich zwischen Spannungsentwicklung und Überlappungszone anzustellen. Ein solcher

Abb. 4-6 (a) Standardfilamentlängen
a = 1,60 μm; b = 2.05 μm; c = 0,15 μm; z = 0,05 μm;
(b) Längen-Spannungs-Kurve aus einer einzelnen Muskelfaser (schematische Zusammenfassung der Ergebnisse). Die Pfeile am oberen Rand der Abbildung geben die verschiedenen Stadien der Überlappung an, die unter (c) dargestellt sind.
(c) Stadien der Zunahme der Überlappung von dicken und dünnen Filamenten bei Verkürzung eines Sarkomers. (Aus A.M. GORDÓN, A.F. HUXLEY und F.J. JULIAN, 1966, J. Physiol., 184, 170-192.)

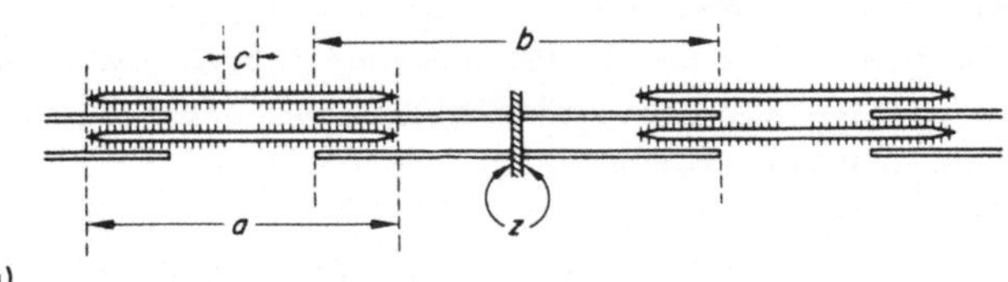
c
b
a
z
(a)

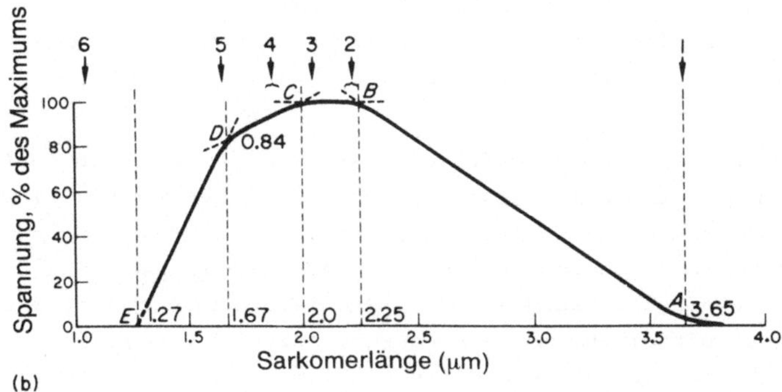
Spannung, % des Maximums
Sarkomerlänge (μm)
6
5
4
3
2
A
B
C
D
E
0.84
1.27
1.67
2.0
2.25
3.65
(b)

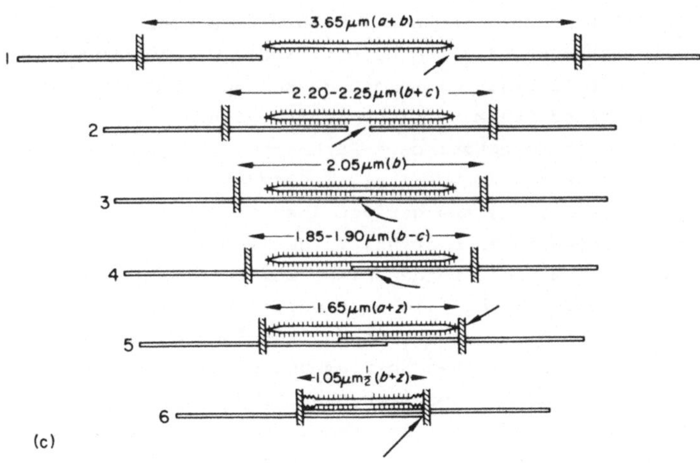
3.65 μm (a+b)
2.20-2.25 μm (b+c)
2.05 μm (b)
1.85-1.90 μm (b-c)
1.65 μm (a+z)
1.05 μm ½ (b+z)
(c)

Vergleich macht folgendes erforderlich: 1) exakte Längenmessungen der dicken und dünnen Filamente und ihrer Überlappung bei unterschiedlicher Sarkomerlänge und 2) Messung des Längen-Spannungs-Diagramms, die präzise auf die Sarkomerlänge und nicht auf die Länge des ganzen Muskels bezogen sind.

Die erste Forderung konnte erfüllt werden dank elektronenmikroskopischer Aufnahmen von Muskeln, die besonders sorgfältig fixiert und geschnitten wurden, um das Auftreten von Artefakten als Folge von Schrumpfung oder anderer Gründe, zu vermeiden. Die Ergebnisse sind in Abb. 4-6 a zusammengefaßt.

Die zweite Anforderung zu erfüllen, hat sich als weit schwieriger erwiesen. Arbeitet man mit einem ganzen Muskel (selbst mit einem dehnbaren wie dem m. semitendinosus), so ist das Längen-Spannungs-Diagramm bei großen Längen in störendem Ausmaß von dem vorhandenen Bindegewebe abhängig. Nachdem dieses Problem dadurch gelöst war, daß mit einer einzelnen, vom Bindegewebe befreiten Muskelfaser gearbeitet wurde, tauchte ein neues Problem auf. Die Sarkomere an den Enden der Faser waren kürzer als die in der Mitte, und so war es unmöglich, die Spannung, die von einer Muskelfaser entwickelt wurde, in Relation zu einer bestimmten Sarkomerlänge zu setzen. Das Problem wurde schließlich gelöst, indem die Messungen lediglich am Mittelteil einer einzelnen Muskelfaser durchgeführt wurden, wobei die unerwünschte Mitwirkung der Faserenden durch ein hochentwickeltes elektromechanisches Rückkoppelungssystem wirkungsvoll beseitigt wurde (Abb. 4-6 b). Es ergibt sich dann ein Längen-Spannungs-Diagramm, das aus geraden Abschnitten mit dazwischenliegenden scharfen Ecken besteht. In der intakten Faser, und mehr noch im gesamten Muskel, werden diese Ecken aufgrund der bereits erwähnten fehlenden Einheitlichkeit der Sarkomerlänge abgerundet. Ferner entspricht die Lage der Ecken, wie Abb. 4-6 c verständlich macht, den unterschiedlichen Überlappungsstufen der Filamente. Die Spannungsabnahme auf der linken Seite der Kurve läßt sich nicht so einfach wie die auf der rechten Seite erklären. Anscheinend beeinträchtigt eine zu ausgeprägte Überlappung der Filamente die Bildung von Querbrücken, während die Steifigkeit der dicken Filamente wahrscheinlich einen großen Teil der entwickelten Kraft absorbiert. Außerdem hat sich gezeigt, daß die

Weitergabe der "Aktivierung" von der Faseroberfläche ins Faserinnere bei geringer Faserlänge beeinträchtigt ist.

4.6 Längen-Spannungs-Diagramm anderer Muskeltypen

Längen-Spannungs-Diagramme, bei denen sich die Spannung zu einem Maximum entwickelt und anschließend wieder abfällt, finden sich bei fast allen Muskeltypen: Herz- und Skelettmuskeln sowie glatten Muskeln. Eine Ausnahme bilden die Insektenflugmuskeln, bei denen sich die dicken Filamente über die Gesamtlänge der Sarkomere erstrecken. Diese Muskeln werden beschädigt, wenn sie um mehr als ein paar Prozent gedehnt werden. Sie entwickeln normalerweise keine stetige Spannung, sondern eher einen negativen Dehnungswiderstand: d.h. während der Dehnung wird die Kraft, die sie entwickeln, vorübergehend geringer. Infolgedessen oszillieren die Muskeln an einem geeigneten Resonanzsystem, dessen mechanische Eigenschaften dem Thorax-Flügel-System eines Insekts entsprechen.

Die ultrastrukturelle Basis des Längen-Spannungs-Diagramms ist bisher nur für Skelettmuskeln der Wirbeltiere nachgewiesen worden. Es ist anzunehmen, daß der gleiche Mechanismus auch in anderen Muskeltypen, z.B. den glatten Muskeln, vorhanden ist (vgl. Kapitel 8).

4.7 Isotonische Kontraktion

Ein Muskel wird an einem geeigneten isotonen Hebel (s. Abb. 4-2 b) eingespannt und tetanisiert. Läßt man ihn dabei verschiedene Lasten anheben, so erhält man eine Reihe von Kurven, wie in Abb. 4-7 a. Je größer die Last, desto kleiner ist die gesamte Verkürzung: Kraft und endgültige Länge folgen der linken Flanke des Längen-Spannungs-Diagramms des aktiven Muskels, wie es im vorangegangenen Abschnitt (Abb. 4-5) beschrieben wurde. Es fällt auf, daß je größer die Last ist, bzw. die maximale Steigung der Kurve, die maximale Verkürzungsgeschwindigkeit um so geringer ist. Wird die Kraft (Last) gegen die Geschwindigkeit aufgetragen, so erhält man eine Graphik wie in Abb. 4-7 b.

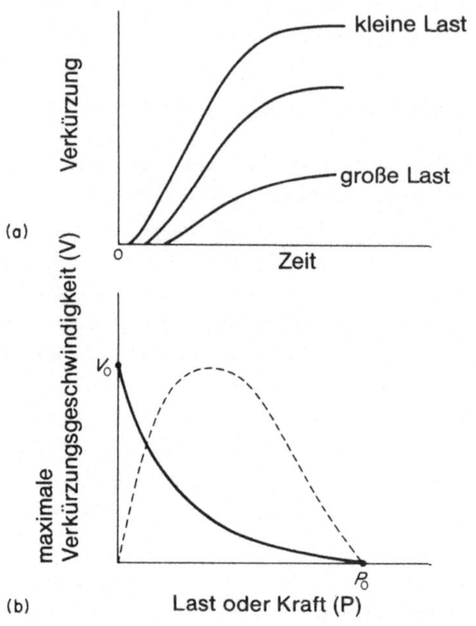

Abb. 4-7 (a) Zeitlicher Verlauf der isotonischen Unterstützungskontraktion bei verschiedener Belastung. Die tetanische Reizung begann zum Zeitpunkt null.

(b) Kraft-Geschwindigkeits-Kurve. Die gestrichelte Linie zeigt die Abhängigkeit der mechanischen Leistung (= Kraft x Geschwindigkeit) von der auf den Muskel einwirkenden Kraft.
(Nach STARLING und LOVATT EVANS, 1962, Principles of Human Physiology (13. Aufl.),Hrsg. DAVSON und EGGLETON, Churchill, London.)

4.7.1 Die Kraft-Geschwindigkeits-Kurve

Die Beziehung zwischen Kraft und Geschwindigkeit ist ein wichtiges Charakteristikum des kontrahierenden Muskels. Kurven wie in Abb. 4-7 b gezeigt, wurden bei allen bisher untersuchten Muskeln - Herzmuskeln, glatten und quergestreiften Muskeln - ja selbst bei kontrahierenden Aktomyosinfäden erhalten. Die einzigen Ausnahmen scheinen die Insektenmuskeln zu bilden, die mit Schwingungen kleiner Amplitude (und nicht mit größeren Längenveränderungen) arbeiten. Zur Erforschung des Mechanismus, der dieser Verhaltensweise zugrunde liegt, wurden zahlreiche Überlegungen angestellt. Eine der früheren Theorien besagte, daß die vom Muskel entwickelte Kraft bei jeder Geschwindigkeit tatsächlich konstant wäre, daß aber, wenn sich der Muskel verkürzt, ein Teil der Kraft als innere Reibung absorbieren würde, so daß weniger Kraft zur äußeren Anwendung übrigbliebe. Angenommen, die innere Reibung verhielte sich nicht-linear, so wäre diese Theorie eine perfekte Erklärung für die rein mechanischen Eigenschaften des Muskels. Man kam allerdings von dieser Theorie ab, weil sie die energetischen Aspekte der Kontraktion nicht berücksichtigte. Heute nimmt man aus verschiedenen Gründen an, daß die Kurve einen Zusammenhang zwischen der Rate chemischer Reaktionen im Muskel und der einwirkenden Kraft darstellt.

Für die Kraft-Geschwindigkeits-Kurve lassen sich viele verschiedene Gleichungen aufstellen. Die interessanteste ist die Hill'sche Gleichung (HILL, 1938), bei der die Kurve als Teil einer Hyperbel erscheint

$$V = (P_o - P')b/(P + a)$$

wobei V = Geschwindigkeit, P = wirkende Kraft, P_o = isometrische Kraft und a und b = Konstanten. Zur Darstellung der relativen Geschwindigkeit wird die Gleichung folgendermaßen umgeformt:

$$V' = (1-P)/(1+P'/k)$$

wobei $V' = V/V_o$, $P' = P/P_o$, $k = a/P_o = b/V_o$. V_o ist die maximale (unbelastete) Geschwindigkeit.

Aus der Form der Kraft-Geschwindigkeits-Kurve ergibt sich als praktische Folge, daß die mechanische Leistung des Muskels (= P x V, gestrichelte Linie in Abb. 4-7 b) ein Maximum erreicht, wenn die auf den Muskel einwirkende Kraft und Geschwindigkeit ungefähr ein Drittel ihrer Maximalwerte erreicht haben. Zur effizienten Leistung mechanischer Arbeit muß das zur Muskelbelastung verwendete Gewicht etwa 1/3 der Maximalkraft sein. Die Dreigangschaltung eines Fahrrades gibt ein ausgezeichnetes Beispiel für eine Nutzanwendung, bei der Belastung und Geschwindigkeit (unabhängig von der Neigung) an die Muskeleigenschaften angepaßt werden. Die maximale Leistung beträgt übrigens etwa 0,1 P_o x V_o.

4.7.2 Mechanische Muskelbausteine

Aus Abb. 4-7 ergab sich bereits, daß der Muskel ein elastisches Element (SE) enthält, das mit dem kontraktilen Muskelelement in Reihe geschaltet ist. Diese Tatsache spielt eine Rolle bei der Veränderung des Kontraktionsmusters. Selbst wenn der Muskel insgesamt streng isometrisch gehalten wird, so erfolgt bei Aktivität eine innere Verkürzung des kontraktilen Elements (CE) bei entsprechender Dehnung des SE. Die innere Verkürzung des CE bewirkt eine Verlangsamung des Spannungsanstiegs im Muskel. Aufgrund dieser Tatsache steigt die Spannung bei einer Zuckung nicht so stark an wie bei einem Tetanus, obgleich die Veränderung der kontraktilen Proteine bei beiden gleich zu sein scheint: Die Aktivität bei einer Zuckung nimmt ab, bevor die Spannung ihren Höchstwert erreichen konnte. Da die Gipfelspannung bei einer Zuckung von dem Gleichgewicht zweier Vorgänge abhängt, ist es nicht verwunderlich, daß das Verhältnis Zuckung : Tetanus von Muskeltyp zu Muskeltyp stark variiert und durch die Zwischenschaltung einer Feder zwischen Muskel und Registriersystem herabgesetzt werden kann. Die Serie-elastischen Elemente (SE) sind für ein Tier von großer Wichtigkeit, da sie Arbeit speichern können, die nachfolgend für Bewegungen wie Springen und Laufen verwendet wird (vgl. S. 99).

4.7.3 Gegenüberstellung von isometrischer und isotonischer Registrierung

Es scheint an dieser Stelle angebracht, noch einmal zu betonen, daß diese beiden Aufzeichnungsarten nur zwei Extreme aus einer ganzen Reihe möglicher Registriermethoden darstellen; in beiden Fällen brauchen die Veränderungen des kontraktilen Muskelelements durchaus nicht sehr unterschiedlich zu sein. Bei jeder Kontraktionsart findet eine Folge von Längen- und Spannungsänderungen statt. Abb. 4-8 zeigt diese Änderungen bei "nachbelasteten" isotonischen Zuckungen (Unterstützungskontraktion). Je größer das Gewicht ist, desto mehr Zeit verbraucht der Muskel für die "isometrische" An-

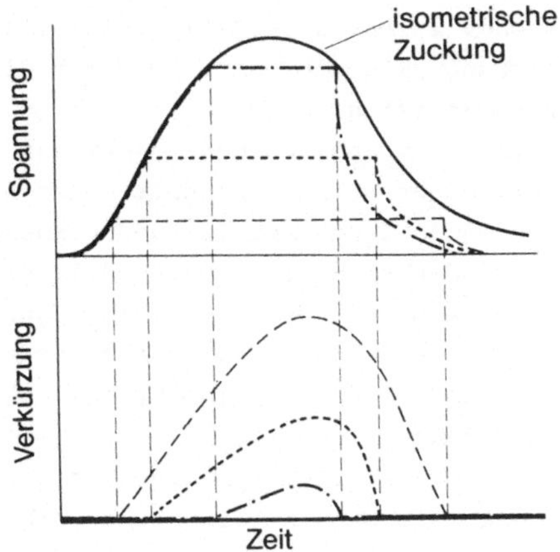

Abb. 4-8 Simultane Registrierung von Änderungen der Länge und Spannung (aufgenommen mit Hilfe eines Hebels wie in Abb. 4-2 b) während "nachbelasteter" isotonischer Zuckungen bei verschiedenen Lasten.

spannung, bis die Kraft groß genug ist, um das Gewicht von der Unterstützung abzuheben.

4.8 Das isolierte kontraktile System

Bisher haben wir uns mit den Eigenschaften ganzer lebender Muskeln befaßt, die wie üblich über ihre Zellmembran erregt werden. Durch Versuche mit vereinfachten, kontraktilen Systemen, die einige (jedoch nicht alle) Bestandteile des lebenden Muskels enthalten, hat man in den letzten 30 Jahren viel über die molekulare Grundlage der Kontraktion erfahren. Das wohl brauchbarste derartige System stammt von Albert Szent-Györgyi. Die frisch präparierten Muskeln werden in eine gepufferte, wässrige Glyzerin-Lösung eingelegt. Dadurch werden offenbar die Zellmembranen zerstört, und die löslichen Bestandteile (einschließlich ATP und Kreatinphosphat) können herausdiffundieren. Die kontraktilen Proteine bleiben in ihrem natürlichen Zustand hoher Ordnung an Ort und Stelle zurück. Nach der Behandlung mit Glyzerin befinden sich die Muskeln im Zustand des Rigor, da alles ATP herausdiffundiert ist (vgl. S. 33). Wird ATP in Anwesenheit von Calcium- und Magnesiumionen zugegeben, so

Abb. 4-9 Schematische, leicht spekulative Darstellung der Wechselwirkung zwischen Querbrücke und dickem Filament. Die Querbrücke ist am dicken Filament angeheftet (unterer Teil der Abbildungen) und interagiert mit dem Aktinfilament. Ein Ausschnitt eines Aktinstrangs ist im oberen Teil der Abbildungen dargestellt; die Z-Linie befindet sich rechts außerhalb des Bildes.

(a) Stabiler Zustand des Myosins in Gegenwart von ATP (vgl. S. 33), wie er im ruhenden Muskel gefunden wird, wenn das dünne Filament bei Ca^{2+}-Mangel "abgeschaltet" ist.

(b) Wenn das dünne Filament "angeschaltet" wird, bewegt sich die Myosin-Querbrücke nach außen und bindet ans Aktin (vgl. Abschnitte 2.2 und 3.4.3). Die Freisetzung von ADP und P_i wird katalysiert. Das ins Sarkoplasma abgegebene ADP wird rasch rephosphoryliert (Gleichung 6.2.2), was zu einem vorübergehenden Anstieg der ATP-Konzentration führt (Abb. 6-3).

(b)-(c) Ruderbewegung, durch die der Myosinkopf in seine entdehnte Form gebracht wird, welche bewirkt, daß sich das dünne Filament um ungefähr 11 nm nach links bewegt.

(d) ATP (ein oder zwei Moleküle?) wird aufgenommen und trennt Myosin und Aktin voneinander (vgl. S. 33 , Tabelle I).

(d)-(a) ATP wird hydrolysiert; die Spaltprodukte bleiben jedoch gebunden, und nur ein kleiner Anteil der freien Energie geht verloren. Der Myosinkopf nimmt erneut die "gedehnte" Form an (dargestellt als Herzform), in der er Arbeit leisten kann. Die ruhende Querbrücke verbleibt in diesem Zustand (a), "aufgeladen" und bereit, vor Aufnahme von neuem ATP einen Ruderschlag durchzuführen.

wird es durch die vorhandene Aktomyosin-ATPase aktiv zu ADP hydrolysiert. Gleichzeitig kontrahieren die Fasern, entwickeln Spannung, verkürzen sich und leisten mechanische Arbeit. Die aktivierten Fasern zeigen normale Längen-Spannungs-Kurven und Kraft-Geschwindigkeits-Kurven. Die tatsächliche Verkürzungsgeschwindigkeit ist geringer als beim lebenden Muskel; dies scheint im wesentlichen durch die relativ langsam ablaufende Diffusion von ATP in das Faserinnere verursacht zu werden.

Die Entspannung der aktiven Fasern kann durch die Entfernung der Ca^{2+}-Ionen aus dem System bewirkt werden, da sie normalerweise die Proteine enthalten, die die dünnen Filamente für Ca^{2+} sensibilisieren. Durch Zugabe von EGTA (Äthylenglykol- bis (β-Aminoäthyläther)-N,N'-Tetraacetat) einer Substanz, die Calcium sehr stark bindet, können die Ca^{2+}-Ionen sehr leicht entfernt werden. Wenn die Konzentration des ionisierten Calciums unter 10^{-7} mol kg^{-1} sinkt, kann ATP nicht mehr hydrolysiert werden, und die aktive Kontraktion hört auf. Trotzdem kehrt die Faser nicht in ihren ursprünglichen Zustand des Rigor zurück, da ATP anwesend ist, das eine Verbindung von Aktin und Myosin verhindert (vgl. S. 33). Die Muskelfaser bleibt dehnbar, wie eine lebende Faser im Ruhezustand.

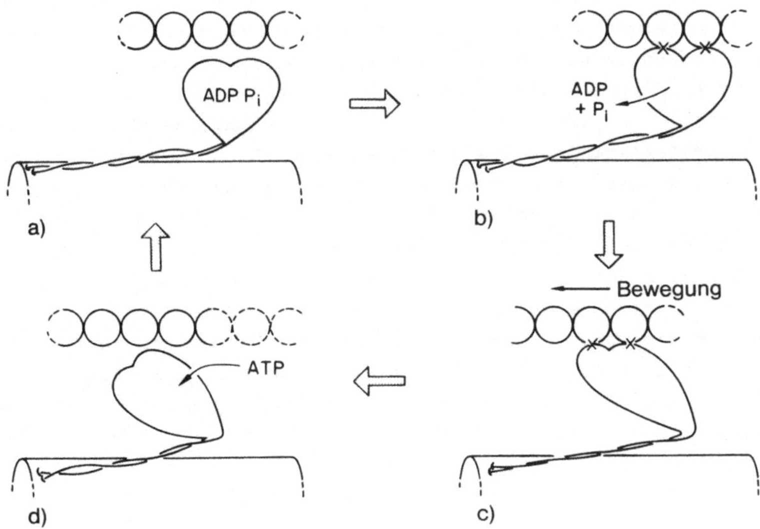

4.9 Kontraktionstheorien

Zweifel an den Grundzügen der Gleitfilamenttheorie scheinen zum größten Teil ausgeräumt zu sein, obgleich noch vieles über die Art und Weise, in der die Querbrücken tatsächlich Kräfte und Bewegungen erzeugen, zu lernen bleibt. Es ist äußerst schwierig, ein System von Makromolekülen zu untersuchen, in dem chemische und mechanische Wirkungen derart miteinander verflochten sind. Erfreulicherweise besteht die Gewißheit über viele Aspekte der Ultrastruktur des Muskels. Nimmt man z.B. die in diesem Buch auf den Seiten 16 und 30 gegebenen Informationen mit den Abb. 1-3, 3-5 und 4-6 zusammen, so sollte man in der Lage sein, die Myosinkonzentration im Muskel zu berechnen und dabei zu einem Ergebnis kommen, das nahe bei dem analytisch ermittelten Wert von 0,14 mmol kg^{-1} liegt.

Eine Zusammenfassung der gesicherten Befunde über die Funktionsweise der Querbrücken findet sich in Abb. 4-9 und der dazugehörigen Legende. Das Prinzip des Mechanismus besteht darin, daß sich der Myosinkopf während der Muskelaktivität zum dünnen Filament hin bewegt (a bis b) und sich daran anheftet. Dann verändert er seine Form (b bis c), so daß er das dünne Filament über eine Länge von etwa 12 nm am dicken Filament vorbeizieht, was ungefähr der Entfernung von zwei Aktinmolekülen entspricht. An diesem Schema sind zwei mechanische Aspekte erwähnenswert: 1. der Myosin-"schwanz" wirkt lediglich als Haltevorrichtung, deren Steifigkeit nicht größer sein muß als bei einem Stück Draht. 2. Der Myosinkopf muß sich an mindestens zwei Stellen an das dünne Filament anheften, und zwar aus dem gleichen Grund, wie ein Mensch nicht wirksam an einem Tau ziehen kann, wenn er nur auf einem Bein steht. Die Struktur des Myosins (Abb. 2-1) steht offensichtlich im Einklang mit beiden Funktionen; dies gilt besonders dann, wenn beide S_1-Einheiten leichte Unterschiede aufweisen und kooperativ wirken. Es sollte allerdings darauf hingewiesen werden, daß gerade dieser letzte Punkt noch Gegenstand der Forschung und mancher Kontroverse ist.

5 Das Kontrollsystem

Solange ein Tier die Muskelkontraktion nicht entsprechend den Anforderungen des gesamten Organismus kontrollieren kann, nützen ihm die Muskeln recht wenig. Die Art der erforderlichen Kontrolle hängt natürlich individuell von der jeweiligen Aufgabe des Muskels ab. Der Herzmuskel z.B. muß ein Leben lang schlagen. Seine Fasern haben einen eigenen Kontraktionsrhythmus (dieser Mechanismus wird später erklärt), so daß das Herz, sogar wenn es vom restlichen Körper völlig abgetrennt ist, weiter pumpt. Die Nerven, die das Herz mit dem Gehirn verbinden, dienen lediglich zur Beeinflussung des Schlages, lösen ihn jedoch nicht aus. Andererseits gibt es Skelettmuskeln, die nur kontrahieren, wenn sie vom ZNS dazu Anweisung erhalten. Ihre Reaktionen auf die Anweisungen, die vom Gehirn oder vom Rückenmark ausgehen, müssen äußerst genau und sehr schnell erfolgen.

Die Muskelkontraktion ist im wesentlichen ein biochemischer Vorgang, und es gilt inzwischen als gesichert, daß sie innerhalb der Zelle biochemisch durch aktive Regulation der Calcium-Ionenkonzentration kontrolliert wird. Eine chemische Kontrolle dieser Art unterliegt jedoch einer grundsätzlichen Einschränkung. Eine Konzentrationsänderung beeinflußt die Diffusion, und die Zeit, die für die Diffusion benötigt wird, nimmt etwa mit dem Quadrat der Entfernung zu. Praktisch heißt das, daß die An- und Abschaltzeit nur dann auf wenige Millisekunden reduziert werden kann, wenn der Diffusionsweg einige Mikrometer nicht übersteigt. Daher reicht in der quergestreiften Muskelfaser die Diffusion zwar zur Kontrolle der Kontraktion innerhalb eines einzelnen Sarkomers aus (etwa 2 µm), aber nicht, um den Kontraktionsbefehl von der Oberfläche einer Faser zu ihrer Mitte weiterzugeben (ca. 50 µm).

Um die schnelle Weitergabe der Informationen über größere Distanzen trotzdem zu gewährleisten, gibt es ein elektrisches System. Es muß, im Gegensatz zu den von Menschenhand gefertigten Systemen, aus nicht besonders leitfähigem Material bestehen, da die Ströme von Ionen getragen werden und nicht, wie bei Metallen, von Elektronen. Die Verhältnisse sind noch ungünstiger, denn es gibt auch keine guten Isolatoren. Aus diesen und anderen Gründen wäre ein einfacher Stromkreis zur Leitung der Ströme vom Gehirn über die Nerven zu den Muskelfasern ganz und gar ungeeignet.

5.1 Die Rolle der Zelloberfläche

Die elektrischen Signale zur Weitergabe der Informationen werden an der Oberfläche der Nerven- und Muskelzellen erzeugt, da die Zellmembranen nicht gleich durchlässig für die vorhandenen Ionen sind und diese Ionen außerdem nicht gleichmäßig auf beiden Seiten der Membran verteilt sind. Durch einen Mechanismus, auf den wir später eingehen werden, führt dies zu einer Potentialdifferenz im Ruhezustand (Ruhepotential) von 50 bis 100 mV, wobei das Innere der Zelle gegenüber dem Äußeren negativ ist. Bei sämtlichen Muskeltypen steht der Zustand, in dem sich das kontraktile System befindet, in Beziehung zum Membranpotential. Wenn die Potentialdifferenz reduziert wird, fängt der Muskel an zu kontrahieren. Viele andere Zellarten haben ebenfalls ein Ruhepotential, aber die funktionelle Bedeutung ist nur bei Nerven- und Muskelzellen und bei einigen Sinneszellen bekannt.

5.1.1 Elektrische Meßmethoden: Mikroelektroden

Die einzige Methode, die bei der Messung des Membranpotentials zu wirklich befriedigenden Ergebnissen führt, ist die Einführung einer Elektrode direkt in die Zelle. Geeignete Elektroden erhält man dadurch, daß Glasröhrchen zu außerordentlich feinen Spitzen mit weniger als 0,5 µm Durchmesser gezogen werden. Eine solche Spitze ist so fein, daß sie in einem normalen Mikroskop nicht gesehen werden kann, da sie kleiner als die Wellenlänge des Lichtes ist. Doch gerade aufgrund dieser Feinheit kann sie die Zellmembran durchdringen, ohne sie drastisch zu beschädigen. Der Versuchsaufbau wird in Abb. 5-1 gezeigt. Die elektrische Leitfähigkeit durch die Mikroelektrode wird dadurch erzielt, daß die Kapillare völlig mit einer Elektrolytlösung wie z.B. 3 mol kg^{-1} KCl gefüllt wird. Diese Lösung hat zwar eine hohe Leitfähigkeit, in der feinen Elektrodenspitze ist aber so wenig davon vorhanden, daß der Gesamtwiderstand der Elektrode relativ hoch ist, im allgemeinen 5 bis 20 Megaohm. Dieser hohe Widerstand ist ein besonderes Problem bei der elektrischen Messung, da sogar sehr kleine Streuströme,

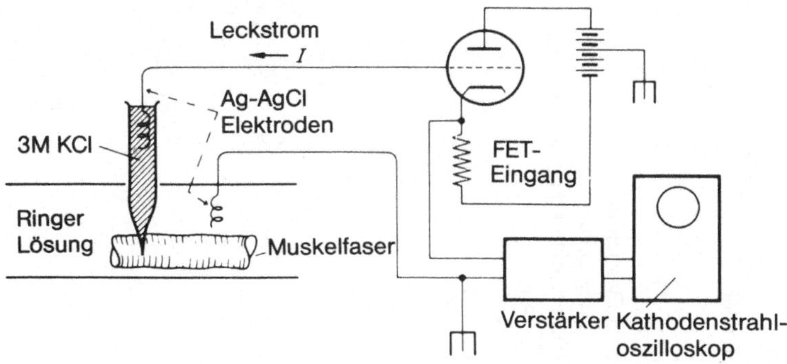

Abb. 5-1 Versuchsaufbau für die intrazelluläre Membranpotentialmessung unter Verwendung von Mikroelektroden. (Aus STARLING und LOVATT EVANS, 1962, Principles of Human Physiology (13. Aufl.), Hrsg. DAVSON und EGGLETON, Churchill, London.)

die durch die Elektrode fließen, wie etwa der Leckstrom I, relativ große Streupotentiale bewirken. Daher braucht man ein Gerät mit einem hohen Eingangswiderstand, wie z.B. einen Kathodenfolger oder einen Feld-Effekt Transistor (FET).

5.2 Die Ursache des Membranpotentials: Die Nernst-Gleichung

Die Konzentration der Ionen innerhalb und außerhalb einer Muskelfaser ist schematisch in Abb. 5-2 a dargestellt. Um zu verstehen, wie diese Ionenverteilung eine Potentialdifferenz bewirkt, stelle man sich zunächst vor, daß die Zellmembran nur für K^+-Ionen permeabel ist. Zuerst werden einige K^+-Ionen entsprechend dem Konzentrationsgefälle aus der Zelle herausdiffundiert. Dadurch bleibt für jedes K^+-Ion eine negative Ladung im Inneren der Zelle zurück. Jedes K^+-Ion ist so zwei entgegengesetzten Kräften ausgesetzt. Der Verlust von nur einigen wenigen positiven Ionen, weit weniger, als durch chemische Analyse entdeckt werden kann, reicht aus, um die elektrische Kapazität der Zelle aufzuladen. Die dadurch entstehende Potentialdifferenz wirkt einem weiteren Ionenverlust entgegen. Das System erreicht sein Gleichgewicht, wenn die beiden entgegengesetzten Kräfte gerade gleich groß sind, d.h. wenn einem

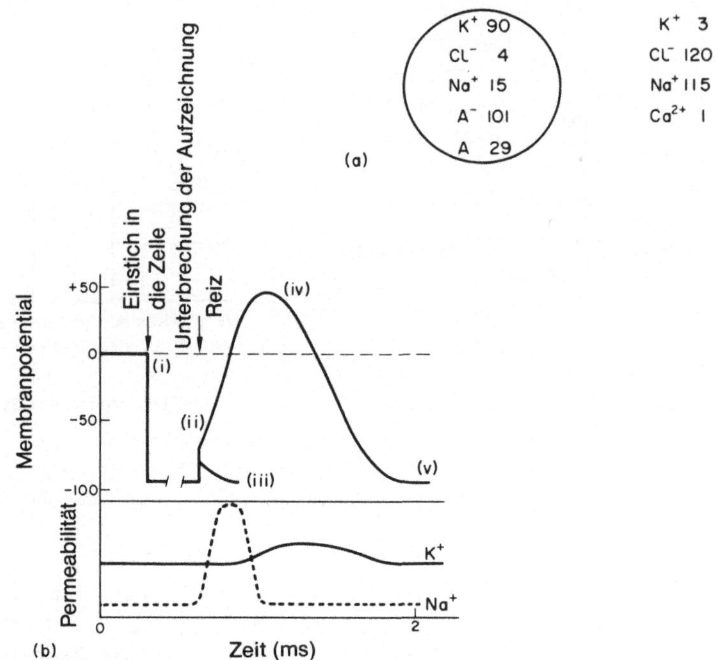

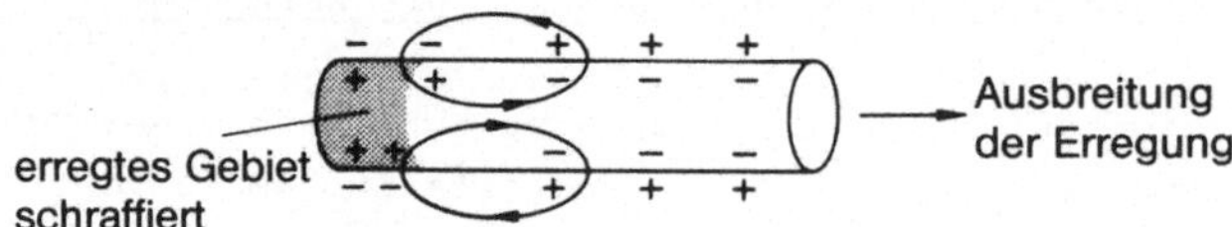

Abb. 5-2 (a) Intra- und extrazelluläre Ionenverteilung an einer Muskelfaser. Ungefähre Konzentrationsangaben in mmol kg^{-1}. A^- und A sind nicht diffusionsfähige ionisierte bzw. nichtionisierte organische Substanzen.

(b) Registrierung der Änderungen des Membranpotentials mittels einer Mikroelektrode (obere Kurve). Die unteren Kurven zeigen die zugrunde liegenden Änderungen der Membranpermeabilität.

(c) Ströme aus einer aktiven Region fließen in angrenzende Bezirke, die sich im Ruhezustand befinden, und stimulieren diese.

K^+-Ion beim Verlassen der Zelle weder Energie zugeführt noch entzogen wird. Um den Vorgang berechnen zu können, nehmen wir an, daß 1 mol K^+-Ionen die Zelle verläßt. Damit ist die Energie, die man durch den Konzentrationsrückgang erhält, analog der Energie, die man bei der Ausdehnung eines idealen Gases erhält,

$$= \quad RT \ln \cdot (\text{Konzentration innen}/\text{Konzentration außen})$$

Die Energie, die durch die Überwindung des Potentialgefälles verloren geht, ist

$$= EF,$$

wobei E das Membranpotential und F (Faraday-Konstante) die gesamte Ladung ist, die von 1 mol eines einwertigen Ions getragen wird. Im Gleichgewicht ist die gewonnene Energie gleich der verlorenen Energie, also

$$E = \frac{RT}{F} \cdot \ln \frac{\text{Konzentration außen}}{\text{Konzentration innen}}$$

Diese Gleichung, oft Nernst-Gleichung genannt, ist sehr wichtig. Man kann sie durch Einsetzen der Konstanten für $T = 25^{\circ}$ C und Umwandlung in den Zehnerlogarithmus in eine für uns leichter anwendbare Form bringen:

$$E = 59{,}1 \cdot \log \frac{\text{Konzentration innen}}{\text{Konzentration außen}} \text{ Millivolt}$$

Setzt man die Werte aus Abb. 5-2 a ein, in der das Konzentrationsverhältnis 30 : 1 beträgt, so erhält man ein Ruhepotential von 87,4 mV.

Nun ist aber die Zellmembran tatsächlich nicht nur permeabel für K^+-Ionen, sondern auch für Chlorid- und einige andere Ionen. Die Gleichung muß also auch für alle diese Ionen gelten. Mehr noch, das Membranpotential kann nur einen Wert haben, der für alle permeablen Ionen derselbe sein muß. Daraus ergibt sich, daß im Gleichgewicht gilt:

$$(K^+_{\text{außen}}/K^+_{\text{innen}}) = (Cl^-_{\text{innen}}/Cl^-_{\text{außen}}) \text{ etc.}$$

Zu Abb. 5-2 a ist zu bemerken, daß das Konzentrationsverhältnis der Chlorid-Ionen tatsächlich 30 : 1 beträgt. Man erkennt jedoch, daß die Natrium-Ionenkonzentrationen dieser Regel <u>nicht</u> folgen. Ihr Konzentrationsverhältnis ergibt ein Membranpotential von 52,3 mV entgegengesetzter Polarität, d.h. das Zellinnere ist positiv. Der Grund dafür, daß sich dieses Potential nicht ausbildet, liegt darin, daß die Membran für Natrium-Ionen sehr wenig durchlässig ist, und daß diejenigen, die in die Zelle gelangen, durch einen aktiven Prozeß - die Natrium-Pumpe - wieder herausgepumpt werden. Zu bemerken ist weiterhin, daß auch organische negative Ionen (A^-) in der Zelle vorhanden sind, die die Membran nicht passieren können. Das Vorhandensein nicht permeierender Ionen und die Notwendigkeit eines elektrischen und osmotischen Gleichgewichtes führen, rein physikochemisch, zu dem sogenannten Donnan-Gleichgewicht, und eben dieses bestimmt die Konzentration der Ionen im Ruhezustand, wie sie in Abb. 5-2 a dargestellt ist.

Der Zustand der kontraktilen Proteine steht in Beziehung zur Höhe des Membranpotentials: Wenn die Faser depolarisiert wird, d.h. das Innere weniger negativ wird, so beginnen die Proteine zu kontrahieren. Die Depolarisation kann auf verschiedene Weise ausgelöst werden.

5.2.1 Elektrische Depolarisation

Die Zellmembran hat einen hohen elektrischen Widerstand. Wenn Strom durch sie fließt, wird nach dem Ohmschen Gesetz eine relativ große Potentialdifferenz erzeugt. Wenn der Strom vom Zellinneren nach außen fließt, so ist die Potentialdifferenz dem Ruhepotential entgegengerichtet und führt zu Depolarisation und Kontraktion. Eine gängige Methode, um einen Auswärtsstrom zu erzeugen, besteht darin, einen negativen Spannungspuls über eine Reiz-Elektrode an die Oberfläche eines isolierten Muskels anzulegen. Beim lebenden Tier ist der Effekt sehr ähnlich, wenn sich ein Aktionspotential entlang der Oberfläche ausbreitet (s. Abb. 5-2 c).

5.2.2 Depolarisation durch Änderung des Ionengleichgewichtes

Wird die Konzentration der Kalium-Ionen außerhalb der Faser erhöht, muß es nach der Nernst-Gleichung zu einer Depolarisation kommen. Durch diesen Mechanismus wird die sogenannte Kalium-Kontraktur ausgelöst.

5.2.3 Depolarisation durch Änderung der selektiven Permeabilität der Membran

Da das Ruhepotential von der selektiven Permeabilität abhängt, wird alles, was diese Eigenschaft zerstört, zur Depolarisation führen. Eine mechanische Verletzung der Zellmembran hat z.B. mit Sicherheit eine Depolarisation zur Folge. Die Anwendung von Acetylcholin entspricht eher physiologischen Verhältnissen und bewirkt in vielen Fällen das Gleiche.

Obwohl der elektrische Mechanismus im Prinzip allen Muskeltypen gleich zu sein scheint, so wird er doch im einzelnen entsprechend den jeweiligen Umständen modifiziert.

5.3 Der Skelettmuskel

Im quergestreiften Muskel, der bei den Wirbeltieren die schnellen Bewegungen hervorruft, wird die gesamte Faser sehr schnell durch ein Aktionspotential, daß sich über seine Oberfläche ausbreitet, depolarisiert.
Abb. 5-2 b veranschaulicht die Funktionsweise dieses Vorgangs. Sie zeigt eine typische Registrierung, die man bei der intrazellulären Ableitung von einer einzelnen Muskelfaser erhält, wenn man einen ähnlichen Versuchsaufbau wie in Abb. 5-1 verwendet. Wenn die Mikroelektrode (i) in die Faser eindringt, fällt das gemessene Potential plötzlich auf annähernd -90 mV, seinen Ruhewert, ab. Bei (ii) wurde die Faser plötzlich durch einen kurzen Stromstoß, der durch die Membran nach außen fließt, depolarisiert. Ist die Depolarisation nur gering, so kehrt das Potential in einem exponentiellen Verlauf bald zu seinem Ruhewert (iii) zurück. Übersteigt die Depolarisation jedoch einen bestimmten Wert, so geschieht etwas völlig anderes: die Membran fährt fort, von selbst zu depolari-

sieren und erreicht rasch ein Potential von +30 bis +40 mV (iv). Schließlich kehrt das Potential ein wenig langsamer zu seinem Ruhewert zurück (v). Diese Folge von Ereignissen wird Aktionspotential genannt. Der untere Teil der Abb. 5-2 b zeigt die Veränderungen in der Zellmembran, die diesen Vorgängen zugrunde liegen. Im Ruhezustand ist, wie wir bereits gesehen haben, die Permeabilität für K^+ hoch, für Na^+ dagegen niedrig. Wenn ein adäquater Reiz angelegt wird, steigt die Permeabilität aufgrund von Veränderungen in der Membran, die bis heute noch nicht vollständig verstanden sind, plötzlich so stark an, daß ein Natriumpotential entsteht und das Zellinnere vorübergehend im Verhältnis zu außen positiv wird. Die sich anschließende Erhöhung der K^+-Permeabilität beschleunigt die Repolarisation.

Bisher haben wir uns nur mit den Vorgängen an einem einzelnen Punkt der Faser befaßt. Abb. 5-2 c verdeutlicht, wie ein Aktionspotential, das an einem Punkt der Faser initiiert wird, einen Stromkreis innerhalb und außerhalb der Faser erzeugt, wodurch es in benachbarten Gebieten zu einem Stromfluß durch die Zellmembran nach außen kommt. Diese Gebiete werden nun depolarisiert und erzeugen ihre eigenen lokalen Aktionspotentiale. Auf diese Weise wird die Störung entlang der Faser weitergeleitet. Grundsätzlich der gleiche Vorgang läuft in Nervenfasern und Muskelfasern, die ein Aktionspotential weiterleiten, ab.

Der Befehl zur Kontraktion wird vom ZNS durch ein Aktionspotential, das über eine feine motorische Nervenfaser läuft, weitergegeben. Der Strom, der von der Nervenfaser erzeugt wird, ist viel zu gering, um die wesentlich größere Muskelfaser direkt zu reizen. Doch befinden sich an der Verbindungsstelle von Nerven und Muskeln spezialisierte Endplatten, die als eine Art Verstärker fungieren. Wenn der Nervenimpuls an der Endplatte ankommt, wird Acetylcholin freigesetzt, das die Zellmembran des Muskels dadurch depolarisiert, daß die Permeabilität für alle Ionen erhöht wird. Dies führt zu einem Aktionspotential, das entlang der Muskelfaser weitergeleitet wird. Die Folge ist eine Kontraktionswelle. Man hat herausgefunden, daß die Verbindung zwischen Erregung und Kontraktion durch ein spezialisiertes Leitungssystem der Muskelfaser hergestellt wird. Wie aus Abb. 5-3 hervorgeht, enthält der Raum zwischen den Myo-

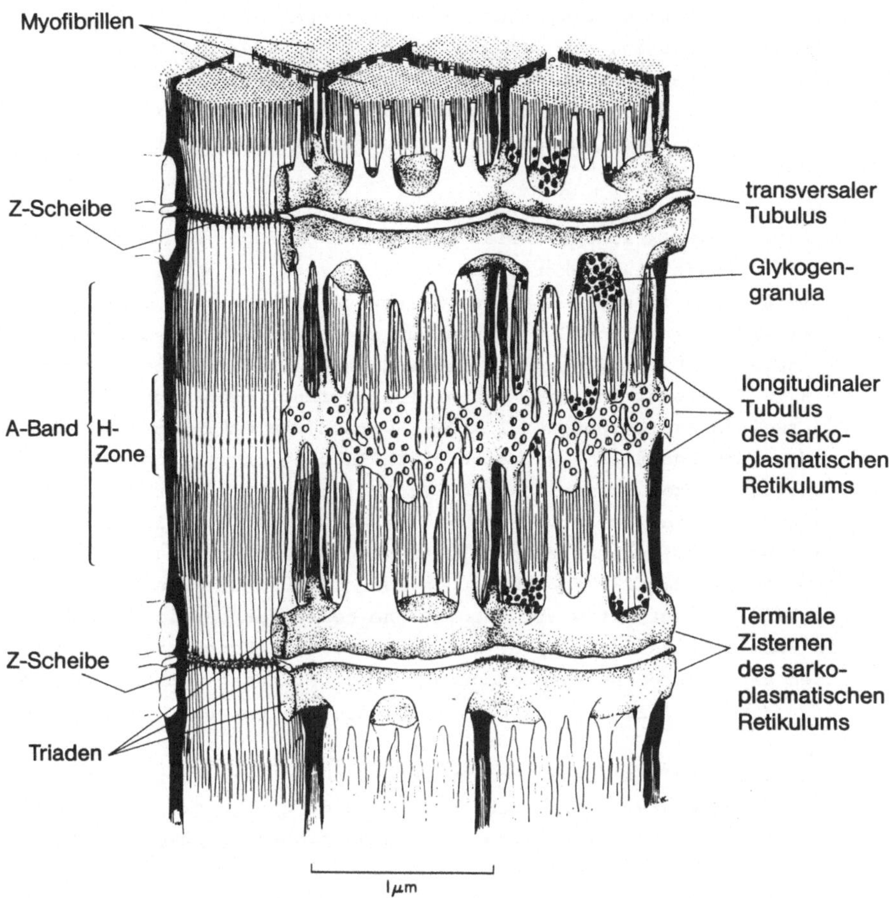

Abb. 5-3 Das sarkoplasmatische Retikulum eines quergestreiften Froschmuskels. (Aus PEACHEY, 1965. Excerpta Medica International Congress Serie Nr. 87, S. 391. Für quantitative Informationen über die Größe der verschiedenen Strukturen vgl. MOBLEY und EISENBERG, 1975. J. Gen. Physiol. 66, S. 31).

fibrillen ein verzweigtes System von Tubuli, das sarkoplasmatische Retikulum. Zwei Teile dieses Systems sind an der Erregung beteiligt. Die transversalen Tubuli, manchmal auch T-System genannt, entspringen als Öffnungen an der Oberfläche der Fasern und laufen nach innen entlang der Z-Scheibe. Ab und zu verlaufen sie zwischen paarigen terminalen Zisternen und formen charakteristisch aussehende Strukturen, die Triaden. Es gibt Befunde, daß die terminalen Zisternen Calcium-Ionen aus dem Sarkoplasma herauspumpen können und so die Konzentration auf 10^{-7} mol kg^{-1} verringern und damit eine Reaktion der dünnen Filamente mit Myosin verhindern können.

Wenn sich ein Aktionspotential über die Oberfläche einer Faser ausbreitet, läuft ein elektrisches Signal, (ziemlich sicher ein "inverses" Aktionspotential) am T-Tubulus hinunter und führt zu einer Freisetzung von Ca^{2+}-Ionen aus den terminalen Zisternen ins Sarkoplasma. Dadurch wird die Hemmung der dünnen Filamente (vgl. S. 34)aufgehoben, und die Kontraktion beginnt. Wenn nicht direkt ein zweites Aktionspotential folgt, werden die Ca^{2+}-Ionen sofort wieder zurückgepumpt - wahrscheinlich in die longitudinalen Tubuli - und der Muskel entspannt sich. Im Skelettmuskel dauert das Aktionspotential nur etwa eine Millisekunde, während die resultierende Muskelzuckung zehn- bis tausendmal so lange dauert. Daher kann der kontraktile Apparat schon lange, bevor die Kontraktion nachläßt, erneut aktiviert werden, und genau das geschieht, wenn ein Muskel tetanisiert wird. Coffein, das eine Kontraktion auslösen kann, ohne das Membranpotential zu verändern, scheint direkt auf die Vesikel zu wirken und bewirkt die Freisetzung von Calcium.

Nicht alle Skelettmuskeln können Aktionspotentiale fortleiten und mit Zuckungen bzw. Tetani reagieren. Einige quergestreifte Fasern, die darauf spezialisiert sind, lang anhaltende Spannung zu erzeugen, werden durch hochverzweigte Nerven stimuliert, die an vielen Stellen der Faseroberfläche in Kontakt mit dieser stehen. Das freigesetzte Acetylcholin erzeugt eine lokale und fortschreitende Depolarisation mit einer entsprechend abgestuften Kontraktion. Solche Fasern unterliegen nicht dem Alles-oder-Nichts-Gesetz, das letztlich lediglich die Alles-oder-Nichts-Eigenschaft des Aktionspotentials widerspiegelt.

5.4 Der Herzmuskel

Obwohl der Herzmuskel quergestreift ist, unterscheidet sich der Mechanismus, der seine Kontraktion kontrolliert, zumindest in vier

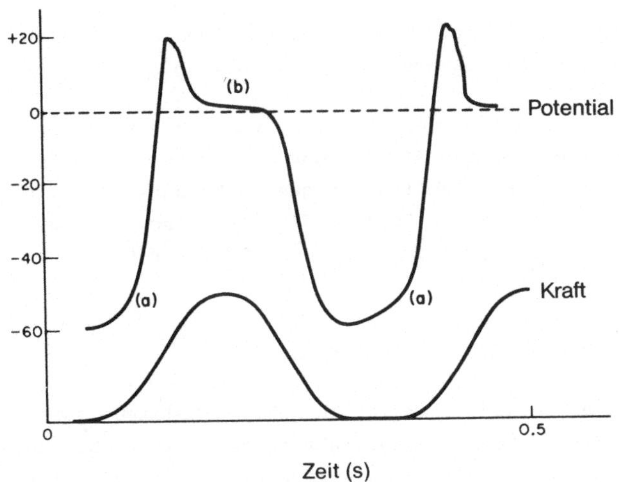

Abb. 5-4 Herzmuskel. Potentialänderungen, die mit Hilfe intrazellulärer Mikroelektroden registriert wurden und ihr Verhältnis zur entwickelten Spannung (untere Kurve). Beachte die spontane Depolarisation (a) und die verzögerte Repolarisation (b), wie auch den im Vergleich zu Abb. 5-2 langsamen zeitlichen Ablauf.

wichtigen Punkten von dem eines Skelettmuskels:

1. Die Zellen können Aktionspotentiale, die ähnlich entstehen, wie oben beschrieben, fortleiten. Die Repolarisation erfolgt jedoch stark verzögert (s. Abb. 5-4), so daß das gesamte Aktionspotential etwa 100 ms anstatt 1 ms wie beim Skelettmuskel andauert.

2. Wie aus der unteren Kurve in Abb. 5-4 hervorgeht, dauert die Kontraktion kaum länger als das Aktionspotential. Daher ist es unmöglich, den Herzmuskel zu tetanisieren.

3. Herzmuskelfasern, besonders die der Vorhöfe und der Aurikel können rhythmisch kontrahieren, ohne daß dazu eine externe Reizung nötig ist. Der Grund dafür liegt in ihrem instabilen

Ruhepotential: Sie neigen zu spontanen Depolarisationen, die ausreichen, um Aktionspotentiale auszulösen.

4. Die Aktionspotentiale werden direkt von einer Zelle zur anderen weitergeleitet, so daß die Erregung an einer Stelle des Herzens schließlich zur Kontraktion des ganzen Herzens führt. Daraus folgt, daß ohne externe Reizung die rhythmische Erregung, die im Vorhof entsteht, zu den Aurikeln und Ventrikeln fortgeleitet wird.

5.5 Die Muskeln der wirbellosen Tiere

Es gibt noch viele andere Arten von neuromuskulären Systemen, und die Systeme der Wirbeltiere, die wir gerade beschrieben haben, sind natürlich nicht die einzigen, die effektiv arbeiten. Bei einigen Crustaceen z.B. wird ein großer Muskel von nur zwei Axonen versorgt, die sich jeweils verzweigen, um sich mit jeder der Muskelfasern zu verbinden. Ein Axon ist erregend, der andere hemmend; ihre kombinierte Anwendung führt zu einem offensichtlich ausreichenden Grad an motorischer Kontrolle.

Bei der Heuschrecke wird der starke Beinmuskel von drei Axonen versorgt. Die Impulse eines Axons führen zu fortgeleiteten Aktionspotentialen in den Muskelfasern und zu schnellen Zuckungen, die das Tier zum Springen benötigt. Durch die Reizung des zweiten Axons werden langsame, sich nicht ausbreitende Kontraktionen erzielt, und der dritte Axon modifiziert die Reaktionen, die durch die beiden anderen Axone ausgelöst werden.

Die oszillierenden Insektenflugmuskeln werden durch fortgeleitete Aktionspotentiale aktiviert. Jedes Aktionspotential kann mehrere Oszillationen auslösen, da diese aufgrund der Besonderheit des kontraktilen Systems und nicht durch das Erregungssystem selbst entstehen.

6 Die Energieversorgung

Das besondere Merkmal der Muskelproteine ist ihre Fähigkeit, Energie aus chemischen Reaktionen in mechanische Arbeit umzuwandeln. Letzten Endes stammt die zur Muskelkontraktion nötige Energie, wie auch die Energie für alle anderen Lebensvorgänge, aus der chemischen Reaktion der Nahrung, die wir zu uns nehmen,mit dem Sauerstoff, den wir einatmen. Wir haben jedoch gesehen, daß ATP die einzige Substanz ist, die die kontraktilen Proteine aktivieren kann. Demzufolge wird im Muskel durch eine komplexe Kette von chemischen Reaktionen die Oxidation von Nährstoffen an die Synthese von ATP gekoppelt. Im Rahmen dieses Buches scheint es wenig sinnvoll, auf die Einzelheiten dieser chemischen Umwandlung einzugehen. Man stellt sie sich am besten als eine Reaktionskette vor, die chemische Energie auf die kontraktilen Proteine überträgt und die großen Energiemengen, die durch die Oxidation entstehen, in kleinere und leichter verwertbare Portionen aufteilt.

6.1 Anwendung thermodynamischer Prinzipien auf den Muskel

Die thermodynamischen Gesetze setzen der möglichen Energietransformation klare Schranken. Es gibt zwei unterschiedliche Energieformen: Wärme und Arbeit. Dem Oberbegriff "Arbeit" ordnen wir mechanische Arbeit, elektrische Energie und freie chemische Energie zu. Nach dem ersten Hauptsatz der Thermodynamik - dem Energieerhaltungssatz - sind alle Formen der Energie äquivalent. Erst wenn man tatsächlich versucht, Energie von der einen Form in die andere umzuwandeln, wird deutlich, welchen Einschränkungen diese Äquivalenz unterliegt. Entsprechend dem zweiten Hauptsatz der Thermodynamik gelten in einem System wie dem Muskel das überall auf <u>gleicher</u> <u>Temperatur</u> gehalten wird, die folgenden Einschränkungen:

1. Die Umwandlung einer Form von Arbeit in eine andere ist möglich. In einem Dynamo z.B. wird mechanische Arbeit in elektrische Arbeit umgewandelt. Freie chemische Energie wird in einem galvanischen Element direkt in elektrische Arbeit, im Muskel in mechanische Arbeit umgewandelt.

2. Nur zu leicht wird Arbeit durch mechanische Reibung, andere "reibungsähnliche" oder Energieverlust-bringende Prozesse, z.B. Viskosität, elektrischer Widerstand, normale chemische Reaktionen etc. - in Wärme umgewandelt.

3. Es ist völlig unmöglich, Wärme in Arbeit umzuwandeln. Dies mag etwas überraschend klingen, da ja in einer Dampfmaschine ein Teil der Wärme in Arbeit umgewandelt wird. Dies ist aber nur möglich,weil die Temperatur in einer Dampfmaschine, im Gegensatz zum Muskel und fast allen anderen biologischen Systemen, nicht überall gleich ist. Lediglich das Temperaturgefälle innerhalb der Maschine ermöglicht es, einen Teil der Wärme in Arbeit umzuwandeln.

Aus den Sätzen (2) und (3) können wir folgern, daß einmal in Wärme umgewandelte Energie durch kein Verfahren in Arbeit zurückverwandelt werden kann. Dieser Schritt ist also irreversibel. Daher wird bei der Umwandlung von chemischer Energie in mechanische Arbeit nach Satz (1) alle freie Energie, die nicht erfolgreich umgewandelt wird, irreversibel in Wärme verwandelt. In der Biologie befassen wir uns mit chemischen Veränderungen und der daraus resultierenden Erzeugung von Wärme (H) und Arbeit (W).

Am Beispiel der ATP-Hydrolyse werden wir einige einfache thermodynamische Beziehungen verdeutlichen. Wenn 1 mol ATP hydrolysiert wird, enthalten die Produkte 48 kJ weniger Energie als die Reaktionspartner; also ist ΔU oder $\Delta H = -48$ kJ. Diese Energie tritt als Wärme auf und läßt sich mit einem Kalorimeter messen. Es gilt:

$$\text{Reaktionswärme} = -\Delta H = +48 \text{ kJ} \qquad (6.1.1)$$

Wenn die Reaktion im Muskel und nicht im Kalorimeter abläuft, kann man etwas Arbeit W erhalten. Die Wärmeerzeugung ist dann entsprechend geringer. Aus dem ersten Gesetz folgt:

$$W + H = -\Delta H = +48 \text{ kJ} \qquad (6.1.2)$$

Natürlich gibt es eine obere Grenze W_{max}, für die Arbeit, die man so erhalten kann, auch unter idealen Bedingungen der Hydrolyse von

1 mol ATP. Sie wird durch die Änderung der freien Energie, ΔG, vorgegeben; in diesem speziellen Fall ist $\Delta G = -60$ kJ.

$$-\Delta G = -(\Delta H - T\,\Delta S) = W_{max} = +60 \text{ kJ} \qquad (6.1.3)$$

Zu beachten ist, daß die maximale Arbeit, die durch eine chemische Reaktion entstehen kann, nicht generell gleich der maximalen Wärme ist, die durch sie erzeugt werden kann. Wenn die Entropieänderung ΔS, positiv ist, dann wird zusätzliche Arbeit erzeugt.

Könnte die Reaktion in einem theoretisch perfekten Muskel ablaufen, dann würde man nach den Gleichungen 6.1.2 und 6.1.3 nicht nur 60 kJ Arbeit erzielen, sondern es würden auch 12 kJ Wärme absorbiert. Unter realen Bedingungen erhält man im Muskel weniger Arbeit, denn der Prozeß bringt genau entsprechend dem oben dargestellten Prinzip teilweise Energieverluste mit sich.
Draus leitet sich nun der Wirkungsgrad ε ab:

$$\varepsilon = \frac{W}{W_{max}} = \frac{W}{-\Delta G} \qquad (6.1.4)$$

Für den gesamten Kontraktions- und Erholungsprozeß wurde ε zu ungefähr bei 0,25 bestimmt.
Dieselmotoren und große Dampfmaschinen haben im Vergleich dazu einen Wirkungsgrad von $\varepsilon = 0,4$, und bei galvanischen Elementen liegt er bei 0,6 - 0,8. Wir können heute den Wirkungsgrad ε für den eigentlichen Vorgang, bei dem Energie aus der Hydrolyse von ATP in Arbeit transformiert wird, noch nicht exakt bestimmen. Er kann sowohl bei 0,4 als auch bei 0,8 liegen.

6.2 Die chemischen Reaktionen im Muskel

Lavoisier hat klar erkannt, daß die Energie für alle Lebensvorgänge, die Muskelfunktion eingeschlossen, durch Verbrennung, d.h. Oxidation von Nährstoffen, entsteht. Zu Beginn dieses Jahrhunderts fand man jedoch heraus, daß die Oxidation nicht die unmittelbare Quelle der Kontraktions-Energie sein konnte, da Muskeln, denen der Sauerstoff vollständig entzogen wurde, trotzdem noch einige hundertmal kontrahieren konnten. Wie schon auf S. 36 kurz erklärt wurde, entsteht diese Energie durch Hydrolyse-Reaktionen: Glykogen wird zu Milchsäure; Kreatinphosphat zu Kreatin und ATP zu ADP. Letztere steht im direktesten Kontakt zu den kontraktilen Proteinen.

Etwas ATP ist im Muskel vorhanden; es reicht für etwa 8 Muskelzuckungen. Der Rest des chemischen Apparates ist jedoch darauf ausgerichtet, diese Konzentration vor dem Absinken zu bewahren. Fällt der ATP-Spiegel in nennenswertem Maße ab, so erstarrt der Muskel im Rigor, und genau das ist der Fall, wenn nach dem Tode die Totenstarre einsetzt.

Kreatinphosphat (CP) in Verbindung mit dem Enzym Kreatinkinase (CPK) stellt die dem ATP am nächsten stehende Energiequelle dar.

Die Kontraktion löst folgende Reaktion aus:

$$H_2O + ATP \xrightarrow[\text{ATP-ase}]{\text{Aktomyosin}} ADP + P_i \qquad (6.2.1)$$

ATP wird rasch regeneriert:

$$ADP + CP \underset{(CPK)}{\rightleftharpoons} ATP + C \qquad (6.2.2)$$

(N.B. - Diese Reaktionen sind vereinfacht dargestellt. Tatsächlich sind auch Mg^{2+} und H^+ daran beteiligt.)

Die Transphosphorylierung ist reversibel. Die Gleichgewichtskonstante $[ATP] \cdot [C] / [ADP] \cdot [CP]$ liegt bei etwa 200. Aus der physikalischen Chemie läßt sich direkt herleiten, daß mehr als 99 % des zu Beginn der Kontraktion gespaltenen ATP mit Hilfe von CP regeneriert werden.
Die Netto-Reaktion ist daher die Hydrolyse von CP und nicht von ATP. Das Enzym CPK ist in großen Mengen vorhanden und aktiv, so daß ATP schon während der eigentlichen Kontraktion rasch regeneriert werden kann (s. Abb. 6-3). Die Konzentration von ATP geht nur zurück, wenn der Vorrat an CP praktisch erschöpft ist. Untersuchungen an Sportlern, bei denen Muskelproben durch Nadelbiopsie entnommen

wurden, haben gezeigt, daß bei hartem Training dies durchaus der Fall sein kann.

Der erschöpfte Vorrat an CP muß später durch einen Erholungsprozeß, der noch einige Zeit nach dem Training andauert, wieder aufgefüllt werden. Die Nahrung wird im Verlauf einer komplexen Folge von Reaktionen so oxidiert, daß die freie chemische Energie erhalten bleibt und die Reaktion 6.2.1 umgekehrt abläuft. Die Erhöhung des Verhältnisses [ATP] / [ADP], die sich daraus ergibt, führt ihrerseits zur Umkehrung der Reaktion 6.2.2 und somit zur Wiederherstellung des ursprünglichen Zustandes. Bei weniger starker Anstrengung (s. Abschnitt 7.6) laufen die Erholungsprozesse schon ab, während die Bewegung noch andauert.

Die Grundzüge des Erholungsprozesses sind in Abb. 6-1 verdeutlicht. Diese zeigt, wie Glykogen nach und nach abgebaut wird, und zwar so, daß von seiner freien Energie so viel wie möglich konserviert wird.

Der erste Hauptteil des Prozesses, der aus 12 aufeinanderfolgenden Reaktionen besteht, wird Glykolyse genannt. Glykogen wird zunächst in Einheiten mit 6 Kohlenstoff-Atomen (Hexosen) gespalten, von denen jede wiederum in 2 Einheiten mit je 3 Kohlenstoff-Atomen gespalten wird. Daraus resultiert Brenztraubensäure, $CH_3 \cdot CO \cdot COOH$. Daneben beträgt die verwertbare Ausbeute (pro Hexose-Einheit) 3 Rephosphorylierungen, angedeutet durch 3 P und 4 Wasserstoffatome. Die Wasserstoffatome werden an spezielle Träger wie Nikotinsäureamid-Adenin-Dinukleotid (NAD) gebunden: Der Übergang $NAD^+ \rightleftharpoons NADH$ ist leicht reversibel.

Der zweite Teil des Prozesses ist der Citratzyklus (oft auch Tricarbonsäurezyklus oder Krebs-Zyklus genannt), der Brenztraubensäure und andere Substrate, wie Fettsäuren, aufnimmt und sie nach und nach zu Wasserstoff und Kohlendioxid aufspaltet. Der Wasserstoff wird ebenfalls durch reversible Bindung an NAD^+ transportiert; CO_2 diffundiert als Abfallprodukt weg.

Der größte Teil der verwertbaren Rephosphorylierung läuft im dritten Teil des Prozesses, der Atmungskette ab. Es handelt sich hierbei um eine Kette von eisenhaltigen Proteinen, die sich (wie

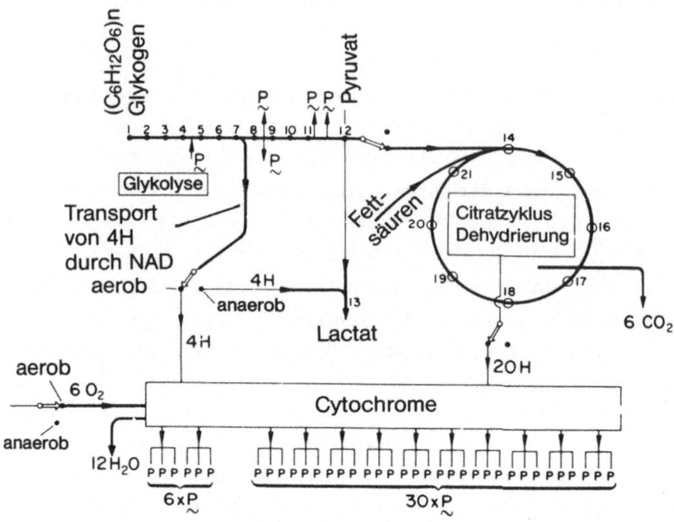

Abb. 6-1 Chemische Prozesse im Muskel. Die Nummern kennzeichnen die aufeinanderfolgenden Reaktionen. Die Mengenangaben entsprechen dem Stoffwechsel von einer Hexose-Einheit des Glykogen. Die Zahl der Rephosphorylierungen, die pro Reaktionsschritt erhalten werden, sind an der Außenseite angegeben: jedes P steht für eine Rephosphorylierung. Die "Schalter" zeigen den Ablauf unter aeroben Bedingungen an. (Aus STARLING und LOVATT EVANS, 1962. Principles of Human Physiology (13. Aufl.), Hrsg. DAVSON und EGGLETON. Churchill, London).

auch die Enzyme des Citratzyklus) in den Mitochondrien befinden. In der Atmungskette kann sich molekularer Sauerstoff mit dem Wasserstoff aus NADH zu Wasser verbinden. Die freie Energie, d.h. zumindest ein Teil davon, wird wiederum gespeichert und zur Rephosphorylierung von ADP verwendet. Obwohl die oxidative Phosphorylierung recht gut erforscht ist, ist die Art der Kopplung auf molekularer Ebene bis heute noch nicht geklärt. Die Eisenatome in den Cytochromen machen (anders als im Hämoglobin) sicher reversible Veränderungen zwischen 2- und 3-wertigem Eisen durch. Diese Veränderungen bedingen schließlich die Bewegung von Elektronen, und man vermutet, daß die Elektronen von einem Kettenglied zum nächsten weitergegeben werden. Da es auch Hinweise darauf gibt, daß die Cytochrome innerhalb der Mitochondrien geometrisch angeordnet sind, nimmt man an, daß ein elektrischer Strom fließt. Wenn Wasserstoff ein Elektron an die Cytochromkette abgibt, entsteht ein Proton. Also muß der Elektronenstrom von einem Protonenstrom in gleicher Richtung begleitet sein. Der Prozeß ist analog zu dem in einer Wasserstoff-Sauerstoff-Batterie, wie sie bei den Apollo-Flügen zum Mond verwendet wurden. Der Elektronenstrom in den Mitochondrien war jahrelang Gegenstand intensiver Forschung, aber erst in letzter Zeit wurde die mögliche Bedeutung des Protonenstroms erkannt.

6.2.1 Die Milchsäurebildung

Die in Abb. 6-1 dargestellte Reaktionsfolge läuft nur in dieser Weise ab, wenn genügend Sauerstoff vorhanden ist, um die Konzentration von NADH niedrig zu halten. Steigt die Konzentration von NADH, etwa als Folge körperlicher Arbeit oder Sauerstoffmangel, so reagiert NADH mit Brenztraubensäure und bildet Milchsäure.

$$CH_3COCOOH + NADH + H^+ \longrightarrow CH_3CH(OH)COOH + NAD^+$$

Das an dieser Reaktion beteiligte NADH kann schon in einem früheren Stadium der Glykolyse entstanden sein. Daher kann die Bildung von Milchsäure, die zwar nur eine geringe, aber doch sehr nützliche Ausbeute an ATP mit sich bringt, ganz unabhängig von Sauerstoff, Atmungskette oder Citratzyklus ablaufen. Die Bildung von Laktat (Milchsäure) entspricht der Hydrolyse von Kohlenhydraten, und dies bedeutet eine wichtige Energiereserve bei körperlicher Anstrengung, wie wir später noch sehen werden. Beim gesunden Tier wird der größte Teil der Milchsäure über den Kreislauf entfernt: ein Teil davon wird in anderen Organen oxidiert, besonders im Herzmuskel, ein anderer Teil wird in der Leber wieder zu Glykogen verarbeitet.

6.3 Die Wärmeerzeugung im Muskel

Wie wir aus eigener Erfahrung wissen, können wir uns durch Bewegung aufwärmen. Die Wärme, die bei der Muskelkontraktion entsteht, spielt bei Warmblütern eine große Rolle für die Aufrechterhaltung einer konstanten Körpertemperatur. Die Einzelheiten der Wärmeerzeugung im Muskel wurden eingehend untersucht, in der Hoffnung, dadurch Aufschluß über die Eigenschaften des kontraktilen Apparates zu gewinnen. Die tatsächliche Temperaturerhöhung, die bei einer einzelnen Muskelzuckung entsteht ist sehr gering - sie beträgt nur ein paar Tausendstel Grad. Das Meßverfahren jedoch, bei dem hochempfindliche Thermosäulen eingesetzt werden, wurde durch die Arbeit von A.V. Hill so weit verfeinert, daß die Empfindlichkeit und das zeitliche Auflösungsvermögen bei weitem die derzeitigen Möglichkeiten der chemischen Methoden übersteigt.

6.3.1 Initial- und Erholungswärme

Seit mehr als einem Jahrhundert weiß man, daß während der Muskelkontraktion Wärme erzeugt wird. Diese Wärme nennt man Initialwärme. In Abb. 6-3 ist der Zeitverlauf der Wärmeerzeugung während einer isometrischen Kontraktion dargestellt. Wenn sich der aktive Muskel unter Belastung verkürzt, dann wird zusätzliche Energie in Form von mechanischer Arbeit erzeugt, und die Wärmeerzeugung selbst wird etwas erhöht. Da die Energie nur aus chemischen Reaktionen entstehen kann, müssen diese notwendigerweise in irgendeiner Form mit den mechanischen Abläufen gekoppelt sein.

Einer von A.V. Hills größten Beiträge auf diesem Gebiet war der Nachweis einer ungefähr gleich großen Wärmemenge, der Erholungswärme, die während des Erholungsstoffwechsels in Gegenwart von Sauerstoff entsteht. Der Erholungsstoffwechsel dauert noch einige Minuten nach Beendigung der körperlichen Anstrengung an. Dies sind die äußeren Anzeichen für die komplexen chemischen Prozesse, die in Abschnitt 6.2 behandelt wurden.

6.3.2 Das energetische Gleichgewicht

Die fundamentale Beziehung zwischen Energie und chemischer Umwandlung wird vom Ersten Hauptsatz der Thermodynamik vorgegeben (vgl. Gleichung 6.1.2). Greift man einzelne chemische Reaktionen heraus, dann folgt für ein bestimmtes Zeitintervall

$$\text{erzeugte Energie} = \text{Wärme} + \text{Arbeit} = \xi\,(-\Delta H_m) \qquad (6.3.1)$$

ξ steht für das in mol gemessene Ausmaß, das die Reaktion erreicht hat. ΔH_m ist die in einem Kalorimeter gemessene Reaktionswärme, die bei der Reaktion pro mol erzeugt wird. Bei exothermen Reaktionen ist ΔH_m eine negative Größe.

Jede einzelne chemische Reaktion trägt ihren eigenen Wert zur rechten Seite der Gleichung 6.3.1 bei. Daher bietet diese Gleichung eine anderweitig nicht verfügbare Möglichkeit, unser Wissen über die Kontraktion zu überprüfen. Der gegenwärtige Stand ist, daß die bekannten Reaktionen aus Abschnitt 6.2 weniger Energie liefern, als aus den Beobachtungen insgesamt folgt. Es muß also noch andere, energieliefernde Reaktionen geben, die noch erkannt und bestimmt werden müssen.

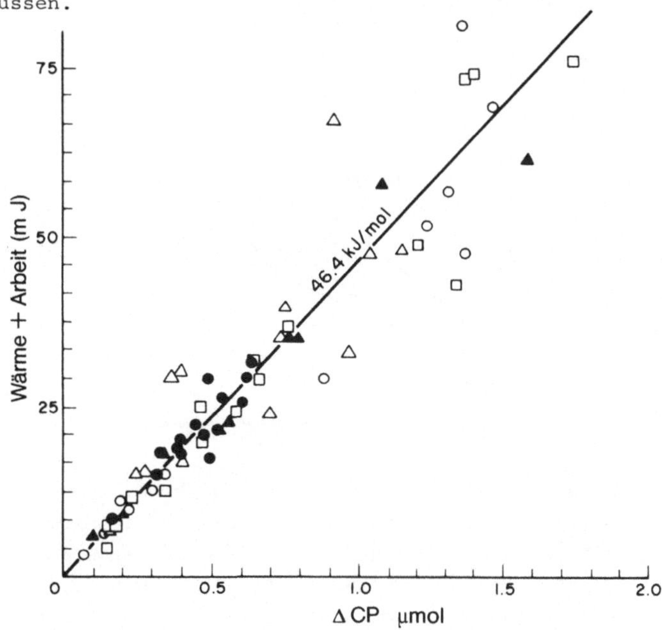

Abb. 6-2 Energiegewinnung und chemische Aufspaltung. Unabhängig von Art und Dauer der Reizung verhalten sich Wärme und gewonnene Arbeit direkt proportional zum Abbau von Kreatinphosphat (Δ CP), so lange die Erholungsphase durch Ausschluß von Sauerstoff und die Bildung von Milchsäure durch Jodacetat verhindert werden. (Aus WILKIE, 1968, J. Physiol. 195, 157.)

Bei den Experimenten, die in Abb. 6-2 dargestellt sind, wurde der Versuch unternommen, die biochemischen Prozesse dadurch zu vereinfachen, daß Sauerstoff ausgeschaltet und die Bildung von Laktat mit Jodacetat gehemmt wurde. Unter diesen Umständen wurde angenommen, daß die Hydrolyse von CP die einzig wichtige Reaktion sei. Sicher, die Produktion von physikalischer Energie (Ordinate) verhält sich in vielen Fällen direkt proportional zum Abbau von CP (Abszisse). Die Proportionalitätskonstante ist jedoch mit 46,4 kJ mol^{-1} signifikant größer als die neuesten, kalorimetrisch bestimmten Werte, die nur 34 kJ mol^{-1} ergeben.

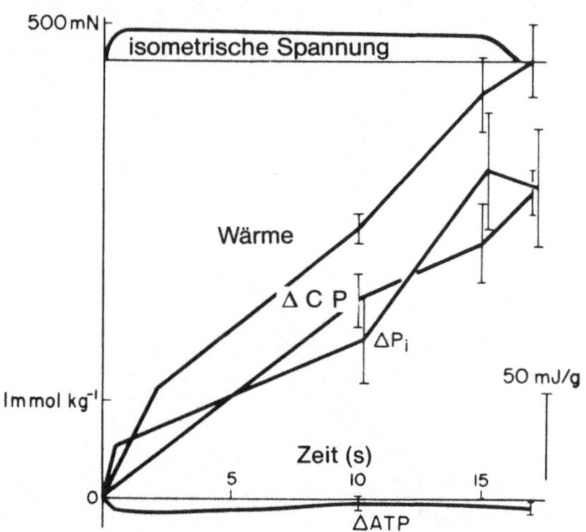

Abb. 6-3 Das Verhältnis zwischen erzeugter Wärme und chemischer Veränderung während eines einfachen isometrischen Tetanus von 15 s Dauer bei 0° C am normalen mit Sauerstoff versorgten Muskel. Der Abbau von Kreatinphosphat (CP) und ATP sowie die Freisetzung von anorganischem Phosphat sind als ansteigende Kurven dargestellt. Die obere Linie zeigt eine Aufzeichnung von Spannungsentwicklung und Erschlaffung. (Aus GILBERT, KRETZSCHMAR, WILKIE und WOLEDGE, 1971, J. Physiol. 218, 163).

Die in letzter Zeit erzielten technischen Fortschritte auf dem Gebiet des Schnellgefrierverfahrens ermöglichen es, die chemischen Umwandlungen mit einer Zeitauflösung von weniger als 100 ms zu verfolgen. Aus Abb. 6-3 geht hervor, daß während der ersten beiden Sekunden der Kontraktion eine beträchtliche Wärmemenge ohne entsprechende Spaltung von CP erzeugt wird. Nach dieser Anfangsperiode erhält man tatsächlich annähernd 46 kJ pro mol gespaltenes CP. Zur Zeit werden große Anstrengungen unternommen, um diese Diskrepanz aufzuklären. Bemerkenswerterweise sinkt die Konzentration von ATP nicht, im Gegenteil, sie steigt zu Beginn sogar leicht an (vgl. dazu Abb. 4-9).

Ähnliche Untersuchungen mit hohem Auflösungsvermögen wurden an Muskeln durchgeführt, die sich verkürzen und Arbeit verrichten. Die Auswirkungen auf die Spaltung von CP sind enorm groß: Die Spaltungsrate wird praktisch verdreifacht, sie steigt (im Froschmuskel, 0° C) von 0,4 auf 1,12 mmol kg^{-1} s^{-1} an. Dies zeigt wiederum eine Koppelung von mechanischen und chemischen Vorgängen.

Eine neuere technische Entwicklung, die sich als sehr wertvoll für das Studium von biochemischen Vorgängen im Muskel und anderen Geweben erwiesen hat, ist die magnetische Kernresonanz (NMR) des ^{31}P. Obwohl diese im Frequenzbereich von Radiowellen arbeitende Technik nicht mit der Zeitauflösung der Gefriertechnik kombiniert mit chemischen Analysen konkurrieren kann, liefert sie sicher reichlich Informationen über den chemischen Zustand des intakten lebenden Muskels in Ruhe, während der Kontraktion und der Erholung. (Vgl. DAWSON, M.J., GADIAN, D.G. und WILKIE, D.R., 1978, Nature 274, 861).

7 Die Arbeitsweise der Muskulatur im Körper

In den vorausgegangenen Kapiteln haben wir festgestellt, daß Muskeln Maschinen sind, die aus Proteinen bestehen und die Funktion haben, chemische Energie direkt in mechanische Arbeit und Kraft umzuwandeln. Die chemische Energie wird aus der Hydrolyse von Kreatinphosphat gewonnen. Im ruhenden Muskel sind also alle Voraussetzungen zur Kontraktion gegeben. Man könnte ihn mit Schießpulver vergleichen, bei dem alles, was zur Explosion benötigt wird, schon vorhanden ist. Erst während der Erholungsphase muß der Vorrat an Kreatinphosphat aufgefüllt werden; dazu wird Sauerstoff aus der Atemluft benötigt, um Nahrungsreserven wie Glukose und Fett zu oxidieren.

7.1 Muskelleistung

Wie bei allen anderen Maschinen hängt auch beim Muskel die Leistung von Art und Stärke der Belastung ab. Ist das zu hebende Gewicht leicht, so kann es schnell angehoben werden, die erzeugte Leistung (Kraft x Geschwindigkeit) ist gering. Ist die Last sehr schwer, so daß sie kaum angehoben werden kann, ist die erzeugte Leistung ebenso klein. In beiden Fällen ist der Verbrauch von Energie allerdings mehr oder weniger gleich. Das quantitative Verhältnis zwischen Leistung und Kraft oder Geschwindigkeit ist in Abb. 4-7 dargestellt. Dabei wird deutlich, daß die größte Leistung dann erreicht wird, wenn Last und Geschwindigkeit ungefähr ein Drittel ihres maximalen Wertes betragen. Unter diesen optimalen Bedingungen können schnelle Muskeln der Säugetiere (und des Menschen) während einer einzigen Bewegung eine Leistung von 150 bis 225 W pro kg Gewicht erbringen.

7.2 Das Zusammenspiel der Muskeln im Körper

Ein einzelner Muskel kann nur ziehen, d.h. er kann nicht stoßen. Das komplexe Bewegungsmuster unseres Körpers ist das Ergebnis zweier Faktoren: erstens die anatomische Anordnung und Befestigung der Muskeln an den Hebelsystemen unseres Skeletts; zweitens die Anordnung der Nerven, durch die die Muskeln fein abgestuft an- und abgeschaltet werden können, so daß kontrollierte und koordinierte

Bewegungen entstehen. Beide Systeme sind raffinierter, als es auf den ersten Blick erscheint. Sie sind sogar so komplex, daß es bis zum heutigen Tag äußerst schwierig ist, komplexe Bewegungen bis in alle Einzelheiten zu analysieren.

Der wichtigste anatomische Trick ist, daß fast alle Muskeln der Extremitäten über zwei oder mehrere Gelenke laufen, so daß bei ihrer Kontraktion mehrere recht verschiedene Bewegungen in mehreren Gelenken ausgelöst werden können. Die Art der Innervierung ist ähnlich trickreich. Es ist u.a. die Aufgabe des Nervensystems, Bewegungen der Muskeln, die <u>nicht</u> benötigt werden, zu neutralisieren. Es werden daher Kontraktionen anderer Muskeln ausgelöst, die der unerwünschten Bewegung entgegenwirken. Daher kommt es mit einigen wenigen Ausnahmen (z. B. Blinzeln) beim gesunden Menschen nicht vor, daß ein einzelner Muskel allein kontrahiert. Fast immer ist es eine ganze Gruppe von Muskeln, die gleichzeitig oder nacheinander kontrahieren. Wir nehmen dazu als relativ einfaches Beispiel den Bizeps. Er ist mit seinem oberen Ende an der äußeren Spitze des Schulterblattes und mit seinem unteren Ende am Radius, einem der beiden Unterarmknochen, befestigt. Er ist <u>nicht</u> am Humerus, dem Oberarmknochen befestigt. Wenn der Bizeps kontrahiert, ergeben sich daher drei verschiedene Bewegungen:

1. der Ellenbogen wird gebeugt
2. der Unterarm dreht sich, so daß die Handfläche nach oben zeigt
3. der Oberarm hebt sich seitlich vom Brustkorb ab.

Angenommen, Bewegung (2) wird benötigt, z.B. wenn man mit waagerecht gehaltenem Unterarm eine Schraube eindrehen will. Dann muß Bewegung (1) durch die Kontraktion des Trizeps (des Muskels an der Rückseite des Oberarms) neutralisiert werden. Das dies tatsächlich der Fall ist, kann man leicht feststellen, wenn man den Trizeps dabei anfühlt. Der Trizeps ist so am Schulterblatt befestigt, daß er durch seine Kontraktion auch Bewegung (3) neutralisieren kann. In Wirklichkeit ist die Bewegung noch viel komplizierter, und zahlreiche andere Muskeln sind daran beteiligt. Der höchst komplizierte Kontrollmechanismus, der benötigt wird, um die gesamte, massige Muskulatur so vielseitig gebrauchen zu können, ist im biologischen Sinne ziemlich ökonomisch, da er wenig wiegt und den Stoffwechsel nicht durch hohen Energieverbrauch belastet.

7.3 Die Kontrolle der Muskelkontraktion im Körper

Aus dem vorhergehenden Abschnitt folgt ganz klar, daß die Kontrolle der kontrahierenden Muskeln eine sehr komplexe Aufgabe ist. Gehirn und Rückenmark üben die Kontrolle durch die motorischen Nervenfasern aus. Allerdings hat nicht jede Muskelfaser einen "direkten Draht" zum ZNS: Jede Nervenfaser (Axon) verzweigt sich, um eine Gruppe von Muskelfasern zu versorgen (s. Abb. 7-1a). Motorische Nervenfasern und die zugehörigen Muskelfasern nennt man eine motorische Einheit. Wenn über den Axon ein Impuls ankommt, müssen alle zu dieser Gruppe gehörenden Muskeln zusammen kontrahieren. Die Anzahl der Muskelfasern, die zu einer motorischen Einheit zusammengefaßt sind, variiert je nach der erforderlichen Feinabstimmung der Kontrolle. In den Muskeln, die den Augapfel bewegen, sind nur ungefähr 10 Muskelfasern miteinander verbunden, im Bizeps hingegen umfaßt eine motorische Einheit über tausend Muskelfasern.

7.4 Elektrische Registrierung

Anhand der elektrischen Veränderungen, die mit der Ausbreitung eines Aktionspotentials entlang der Muskelfasern einhergehen, kann die Aktivität des Muskels einfach untersucht werden. Wie aus Abb. 7-1 hervorgeht, kann dies durch Einführung einer konzentrischen Nadelelektrode in den Muskel geschehen. Solche Elektroden können aus einer feinen Injektionsnadel durch Befestigung eines isolierten Drahtes in ihrer Mitte leicht hergestellt werden. Ein Epoxydharz-Klebstoff wie z.B. Araldit eignet sich dazu am besten. Das herausstehende Ende des Drahtes wird abgeschliffen, um eine glatte Oberfläche zu erhalten. Dieser zentrale Draht wird über ein abgeschirmtes Kabel an die Eingangsklemme des Verstärkers angeschlossen. Die Nadel selbst ist mit der Abschirmung des Kabels und dadurch mit der Erdung des Verstärkers verbunden. Ein empfindlicher Grammophonverstärker ist geeignet, und die verschiedenen Signale können mit Hilfe der Geräusche, die über den Lautsprecher zu hören sind, qualitativ bestimmt werden. Will man diese Phänomene näher untersuchen, so sollte man sie mit einem Kathodenstrahloszilloskop

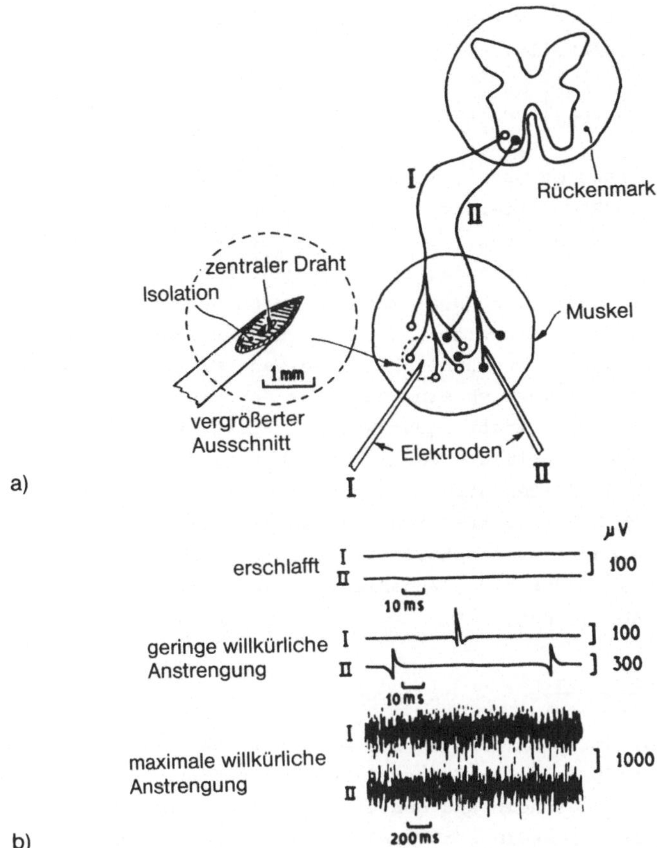

Abb. 7-1 Zwei Elektroden, I und II, sind am gleichen Muskel angebracht und leiten von zwei verschiedenen motorischen Einheiten ab.

(a) Konzentrische Nadelelektrode.

(b) Aktionspotentiale, die gleichzeitig von zwei Elektroden im menschlichen Muskel registriert werden.

(Aus BUCHTHAL, 1957. An Introduction to Electromyography. Gyldendal, Kopenhagen).

und einer Kamera registrieren. Man erhält dann ein Bild wie in Abb. 7-1 b dargestellt.

Beim völlig entspannten Muskel gibt es keine Anzeichen für eine elektrische Aktivität. Wenn die Versuchsperson eine leichte willkürliche Kontraktion macht, werden einige motorische Einheiten aktiviert. Die Registrierung zeigt dann eine Reihe von Spikes (Aktionspotentialen), bzw. man kann eine Reihe von kurzen Klick-Geräuschen über den Lautsprecher vernehmen. Wird die willkürliche Anstrengung verstärkt, so hört man die unabhängigen Geräuschserien anderer motorischer Einheiten, die sich den ursprünglichen Geräuschen überlagern. Erstaunlicherweise kann eine gut trainierte Versuchsperson willkürlich eine einzelne motorische Einheit aktivieren. Wird die Anstrengung weiter verstärkt, so überlagern sich die Impulse von immer mehr motorischen Einheiten, bis zuletzt die einzelnen Einheiten nicht mehr identifiziert werden können. Die Stärke der Muskelkontraktion als Ganzes wird einerseits durch die steigende Anzahl von beteiligten motorischen Einheiten und andererseits auch durch die Zunahme der Impulsfrequenz der jeweiligen Einheiten bestimmt.

7.5 Muskeltonus

In manchen Situationen kann es für ein Tier von größter Wichtigkeit sein, eine Kraft über lange Zeit hinweg aufrechtzuerhalten. Einige Tierarten, z.B. Muscheln und Austern, haben zu diesem Zweck spezielle glatte Muskeln entwickelt, die es ihnen ermöglichen, ihre Schalen sehr lange geschlossen zu halten, ohne dazu sehr viel Stoffwechselenergie aufwenden zu müssen. Ähnlich spezialisierte quergestreifte Muskeln findet man beim Frosch und in einigen Fällen auch bei Säugetieren (z.B. einige Muskelfasern, die den Augapfel bewegen). Im allgemeinen wird eine lang andauernde tonische Kontraktion jedoch von gewöhnlichen Muskelfasern ausgeführt, die durch ganze Salven von normalen Aktionspotentialen aktiviert werden. Die einzige Spezialisierung, die beobachtet werden kann, ist, daß einige Muskelfasern langsamer kontrahieren als andere (s. Abb. 4-4). Die Zuckung ihres M. soleus einer Katze dauert dreimal so lange wie die Zuckung ihres M. peroneus longus. Der Energieaufwand ist wahrscheinlich in beiden Fällen gleich. Der Tetanus wird jedoch von einem langsameren Muskel ökonomischer aufrechterhalten. Die Differenzierung zu "langsamen" und "schnellen" Muskeltypen findet während der Entwicklung eines Tieres erst ziemlich spät statt und wird durch einen noch nicht völlig geklärten Einfluß über die motorischen Nervenfasern ausgelöst. Dies konnte dadurch gezeigt werden, daß man bei einem jungen Tier die motorischen Nerven beider Muskeln durchschneidet, vertauscht und ihre Enden regenerieren läßt. Ein als "schneller" Muskel angelegter Muskel entwickelt sich dann zu einem "langsamen" und umgekehrt.

Die Annahme, daß sich alle Skelettmuskeln ständig in einem Zustand leichter tonischer Kontraktion befänden, ist zwar weit verbreitet, aber falsch. Wie aus der oberen Kurve in Abb. 7-1 b hervorgeht, ist im entspannten Muskel keinerlei elektrische Aktivität zu messen. Die falsche Auffassung ist wahrscheinlich dadurch entstanden, daß man einige spezielle Fälle leichtfertig verallgemeinert hat. Die Hinterbeine eines Hundes oder einer Katze zum Beispiel können wegen ihrer zick-zack-förmigen Abwinkelung nur durch die tonische Kontraktion der Streckmuskeln vor dem Zusammenbrechen bewahrt werden. Bei Tieren, deren ZNS geschädigt ist, kann man in allen Muskeln einen Tonus beobachten, z.B. ist dies bei Decerebrationsstarre der Fall. Ein großer Teil der Behinderung bei der Parkinson'schen Krankheit hat dieselbe Ursache. Beim gesunden Lebewesen funktionieren die Muskeln allerdings auf wesentlich empfindlichere Weise. Sie sind dann - aber auch nur dann - aktiv, wenn mechanische Kraft ausgeübt werden muß - d.h. wenn eine bestimmte Haltung aufrecht erhalten werden soll, eine Bewegung ausgeführt oder einer anderen widerstanden werden soll, oder auch, wenn Beuger und Strecker gleichzeitig kontrahieren müssen, um eine der Gliedmaßen zu einer festen Säule erstarren zu lassen. Bei der Untersuchung von alternierenden Bewegungen, wie z.B. beim Laufen, muß man allerdings mit in Betracht ziehen, daß nicht nur Energie aus dem Stoffwechsel verbraucht wird, wenn das Glied in Bewegung gesetzt wird, sondern auch, wenngleich in geringerem Maße, bei der Kontrolle der Bewegung. Dies scheint allerdings ein verschwenderisch aufwendiger Vorgang zu sein und die Befunde häufen sich, daß eine beträchtliche Menge mechanischer Arbeit in elastischen Strukturen (vgl. Abschnitt 4.4) gespeichert wird und nicht für jede Bewegung neu gebildet werden muß. Bei vielen Sprungarten ist eine derartige

Speicherung in elastischen Strukturen entscheidend wichtig.

7.6 Muskelarbeit

Wir wissen alle recht gut, daß der Intensität, mit der wir unsere Muskeln belasten und bewegen können, Grenzen gesetzt sind. Wenn wir diese Grenzen überschreiten, wird die Bewegung schmerzhaft und zuletzt sogar unmöglich. Das Hauptproblem beim Versuch, hohe Muskelaktivität und somit hohe, sportliche Leistung zu erreichen, ist eine ausreichende Versorgung der kontraktilen Proteine mit chemischer Energie. Diese Energie stammt, wie wir bereits wissen, aus zwei grundsätzlich verschiedenen Quellen:

1. Hydrolyse von CP und Glykogen zu Milchsäure. Alle erforderlichen Voraussetzungen sind im Muskel schon vorhanden, und daher kann die Reaktionsgeschwindigkeit sehr hoch sein, obwohl der Gesamtenergiebetrag begrenzt ist.

2. Oxidation von Kohlenhydraten und Fetten. In diesem Fall ist der Gesamtenergiebetrag nahezu unbegrenzt (man könnte mit 1 l Fett mehr als 700 km radfahren; das ist 1/4 der Fettmenge, die viele Erwachsene normalerweise mit sich tragen). Die Geschwindigkeit der Energieversorgung dagegen ist durch den langsamen Ablauf der oxidativen Phosphorylierung und durch die komplexe Natur der Versorgung des aktiven Muskels mit atmosphärischem Sauerstoff beschränkt.

Die praktische Bedeutung dieser beiden Energiequellen wird in Abb. 7-2 veranschaulicht. Darin wird veranschaulicht, wie die Leistung eines Mannes (in diesem Falle eines Spitzensportlers) mit der Dauer der Arbeit, die er ausführen muß, abfällt. Die Kurve zeigt zwei unterschiedliche Phasen. Für eine kurze Zeit steht ein "Paket" hydrolytischer Energie zur Verfügung, daß ca. 27 kJ (450 W · 60 s = 27000 Ws) beträgt und je nach Anforderung über einen längeren oder kürzeren Zeitraum erzeugt werden kann. Sie wird überlagert von der Energie, die aus der Oxidation gewonnen wird (gestrichelte Linie) und die erst nach einer Minute ihren vollen Wert von ca. 300 bis 350 W erreicht hat, dann aber über lange Zeit zur Verfügung steht. Die Bedeutung, die dies für die sportliche Leistung hat,

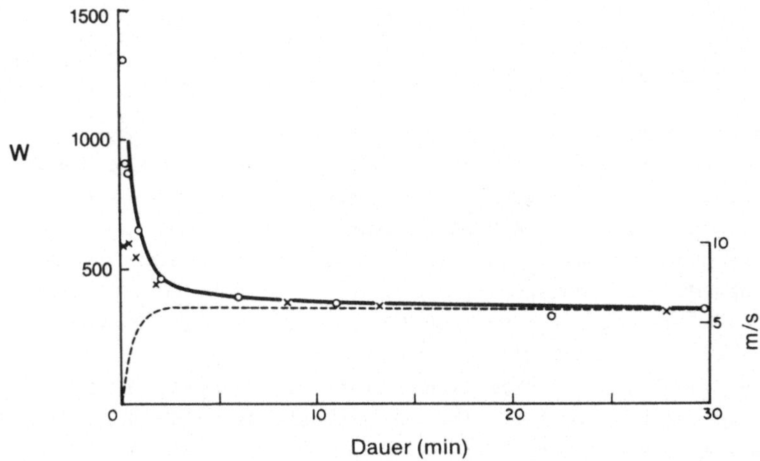

Abb. 7-2 Die Leistungsabgabe eines Menschen. Die Kreise (zugehörig die linke Ordinate) zeigen die gemessene Leistung. Die Kreuze (rechte Ordinate) die Laufgeschwindigkeit. Die Meßwerte beziehen sich auf Hochleistungssportler: trainierte normale Versuchspersonen können eine Leistung von 60 - 80 % der oben dargestellten erbringen. (Aus WILKIE, 1960. Ergonomics, 3, 2.)

wird durch die Kreuze angedeutet, die die durchschnittliche Laufgeschwindigkeit in Meßzeiträumen unterschiedlicher Dauer angeben. Es ist klar, daß bei Anstrengungen, die länger als 4 min dauern, fast die gesamte Energie aus oxidativen Quellen stammen muß, und eben diese machen es möglich, daß ein Marathonläufer mehrere Stunden lang mit einer Geschwindigkeit läuft, die nur wenig unter derjenigen liegt, die bei einem zehnminütigen 5000 m Lauf erreicht wird.

Die relative Bedeutung von hydrolytischem und oxidativem Stoffwechsel ist nicht bei allen Tieren gleich. Entsprechend ihrer Lebensweise haben sich viele entweder auf die eine oder die andere Art konzentriert. Z.B. kann das Kaninchen mittels seiner weißen Muskeln schnell in seinen Bau sprinten, während die intensiver roten Muskeln des Hasen (intensiver rot wegen ihres höheren Anteils an Cytochrom und Myoglobin) seine große Ausdauer ermöglichen, die das Überleben in freier Wildbahn erfordert.

7.7 Auswirkungen der Arbeit auf Kreislauf und Atmung

Eine der unmittelbaren Folgen von Arbeit ist ein Anstieg der oxidativen Phosphorylierung, der durch die leichte Erhöhung des ADP-Spiegels ausgelöst wird. Diese Erhöhung tritt selbstverständlich nur dann auf, wenn dem Muskel zusätzlich Sauerstoff aus der Atmosphäre zugeführt wird, was wiederum eine verstärkte Blutversorgung des Muskels und auch eine erhöhte Lungentätigkeit erfordert. Die im Muskel gespeicherte Sauerstoffmenge ist auch in den roten Muskeln, die ja das Haemoglobin-ähnliche Protein Myoglobin enthalten, nur gering. Wahrscheinlich besteht die Funktion des Myoglobins eher darin, die Diffusion des Sauerstoffs zu beschleunigen, als ihn zu speichern.

Sehr bald nach Beginn der Arbeit erweitern sich die feinen Arterien im aktiven Muskel und schaffen damit die Voraussetzung dafür, daß mehr Blut in die dünnwandigen Kapillaren fließt. Von diesen Kapillaren aus diffundiert der Sauerstoff rasch in die Muskelfasern. Obwohl auf diesem Gebiet sehr viel Forschungsarbeit geleistet worden ist, ist noch nicht sicher, welcher Faktor diese lokale Anhebung des Kreislaufs bewirkt. Der Mechanismus hängt nicht von den Nerven ab, die die Blutgefäße mit dem ZNS verbinden. Die Erweiterung der Gefäße wird mit Sicherheit durch eine noch unbekannte chemische Substanz, die von den aktiven Muskelfasern produziert wird, ausgelöst.

Wenn allerdings die einzige Auswirkung auf den Kreislauf darin bestünde, im aktiven Muskel die Verringerung des Widerstandes gegenüber dem Blutstrom zu bewirken, dann würde sich der Körper damit gewissermaßen selbst schaden, denn das Ergebnis wäre ein Abfall des Blutdruckes und folglich eine Verringerung des Blutstromes. Der Kreislauf als Ganzes verfügt jedoch über einen sehr effektiven Kontrollmechanismus, der diese Konsequenz verhindert. In den Wänden eines Teils der Halsschlagader und auch im Aortabogen gibt es spezialisierte Rezeptoren, die den Blutdruck messen und den Wert zum Gehirn signalisieren. Als Reaktion darauf werden Signale

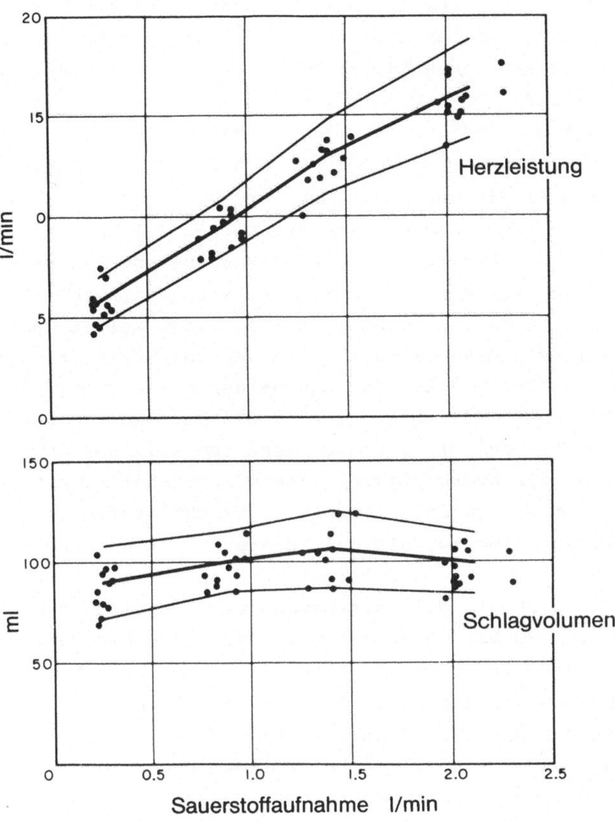

Abb. 7-3 Herzleistung und Schlagvolumen in Ruhe und während körperlicher Anstrengung in Rückenlage bei 300, 600 und 900 - 1000 kg · m/min, gemessen an 13 gesunden jungen Männern. Mittelwerte und die doppelten Standardabweichungen wurden durch Linien verbunden. Beachte, daß dieser Versuch an Versuchspersonen im Liegen durchgeführt wurde. Im Stehen (in Ruhe) ist das Schlagvolumen kleiner als angegeben und beträgt etwa 70 ml; schon bei geringer körperlicher Anstrengung steigt es schnell auf 100 ml an und entspricht danach in etwa der gezeigten Kurve. (Aus CARLSTEN und GRIMBY, 1966. The Circulatory Response to Muscular Exercise in Man. Abdruck mit freundlicher Genehmigung von Charles C. Thomas, Springfield, Illinois).

zum Herz gesendet, die seine Schlagfrequenz regulieren. Das Herz kann bis zu einem gewissen Grad seine Leistung erhöhen, indem es bei jedem Schlag eine zusätzliche Menge Blut auspumpt, wie aus Abb. 7-3 b ersichtlich wird. Den größten Anteil an dieser erhöhten Leistung hat jedoch die erhöhte Schlagfrequenz, die proportional zum Ausmaß der Muskelarbeit steigt. Das Schlagvolumen verringert sich allerdings, wenn das Herz sehr schnell schlägt, da es dann zwischen den Schlägen nicht genügend Zeit hat, sich mit Blut zu füllen. Die kardiovaskuläre Gegensteuerung ist so effektiv, daß der Blutdruck bei körperlicher Anstrengung tatsächlich ansteigt, anstatt zu fallen. Dieser Anstieg trägt weiter dazu bei, daß ein schneller Blutstrom zum aktiven Muskel aufrechterhalten werden kann. In Abb. 7-3 ist das Ausmaß der Muskelarbeit als Funktion des Sauerstoffverbrauchs ausgedrückt. Das ist natürlich nur dann erlaubt, wenn die Energie nicht zum Teil aus dem fortgesetzten Abbau der hydrolytischen Energiespeicher stammt. Die Versuchsperson muß sich im "Fließgleichgewicht" befinden, in dem die Sauerstoffaufnahme für die geleistete Arbeit ausreicht.

Jeder Liter Sauerstoff, der aufgenommen wird, ergibt etwa die Energiemenge von 20 kJ. Unter optimalen mechanischen Bedingungen kann mit der Aufnahme von einem Liter Sauerstoff pro Minute eine Leistung von 75 W erreicht werden. Die menschliche Lunge ist für die Gewinnung von Sauerstoff aus der Atmosphäre nicht sehr effektiv. Das ausgeatmete Gas enthält immer noch mindestens 16 % Sauerstoff. Weniger als ein Viertel des Sauerstoffs, der ursprünglich eingeatmet wurde, ist dabei von der Lunge tatsächlich aufgenommen worden. Um einen Liter Sauerstoff aufnehmen zu können, müssen ungefähr 20 Liter Atemluft verarbeitet werden. Diese Zahlen gelten auch für körperliche Anstrengung, so daß sowohl Atemtiefe als auch Atemfrequenz beträchtlich erhöht werden müssen, wenn die Sauerstoffaufnahme gesteigert werden soll. Die für diese Erhöhung verantwortlichen Faktoren sind nicht das Absinken des Sauerstoffpegels im Blut. Der eigentliche Grund ist noch unbekannt.

7.7.1 Erholung

Man macht tagtäglich die Erfahrung, daß der schnelle Herzschlag und das schwere Atmen, die Begleiterscheinungen körperlicher Anstrengung, nicht sofort nach Beendigung der Muskelarbeit in ihre Ruhefrequenz zurückkehren. Während körperlicher Anstrengung ändern sich die Konzentrationen der verschiedenen Metaboliten, und in der Erholungsphase muß zusätzlich Energie zugeführt werden, um sie auf ihre normalen Ruhewerte zurückzubringen. Der zusätzliche Sauerstoff, der während dieser Phase verbraucht wird, wird "Sauerstoffschuld" genannt und kann bis zu 20 Liter betragen. Es handelt sich hierbei um die Energie, die während der Muskelarbeit aus hydrolytischen Quellen zur Verfügung gestellt und nicht gleichzeitig durch Sauerstoffverbrauch ausgeglichen wurde.

8 Glatte Muskulatur (J.C. Rüegg)

Muskeln, deren Fasern nicht quergestreift sind, werden trotz ihrer morphologischen Vielfalt einheitlich als "glatte Muskulatur" bezeichnet. Zu glatten Muskeln gehören so verschiedenartige Muskeln wie der Hautmuskelschlauch der Würmer, die Schließmuskeln der Muscheln und beim Menschen die "unwillkürlichen" Muskeln der inneren Hohlorgane; man denke nur an die Eingeweide, die Gebärmutter, die Harnblase, die Luftwege und die Blutgefäße, deren Weite und Bewegung durch das vegetative Nervensystem unwillkürlich und unbewußt reguliert werden.

8.1 Struktur

Glatte Muskelzellen sind spindelförmig (vgl. Abb. 3-1), etwa 2 - 20 µm dick und meist 0.05 bis zu 0.5 mm lang. Durch spezielle interzelluläre Kontakte (Desmosomen) sind sie zu einem zellulären Maschenwerk verbunden, das meist von Bindegewebe durchsetzt ist. Dieses Maschenwerk zeigt die Charakteristika eines "funktionellen" Syncytium: Für die bei der Ausbreitung der Erregung fließenden Strömchen sind die Zellmembranen keine Grenzen, weil die Einzelzellen an vielen Stellen durch niederohmige elektrische Zellkontakte - man nennt sie "gap junctions" oder "Nexus" - miteinander elektrisch leitend verbunden sind (Abb. 8-1 a).

Ebenso wie quergestreifte Muskelfasern enthalten auch die glatten Muskelzellen zweierlei Myofilamente, die am Kontraktionsprozeß beteiligt sind: Etwa 7 nm dicke Aktinfilamente und etwas dickere Filamente aus Myosin. Doch ist die Anordnung dieser Filamente so unregelmäßig, daß die Zellen bei Betrachtung im Lichtmikroskop nicht quergestreift, sondern homogen glatt erscheinen.

Die Aktinfilamente sind vermutlich an besonderen mechanischen Strukturen, den "dense bodies" befestigt, die den Z-Scheiben der quergestreiften Muskeln entsprechen dürften. Viele Aktinfilamente inserieren auch an Verdickungen des Plasmalemms. Sie bilden mit den Myosinfilamenten "Kontraktionseinheiten", wobei bis zu 15 dünne Filamente im glatten Muskel ein Myosinfilament umgeben. In vielen glatten Muskeln konnten neben den Myosin- und Aktinfilamenten noch

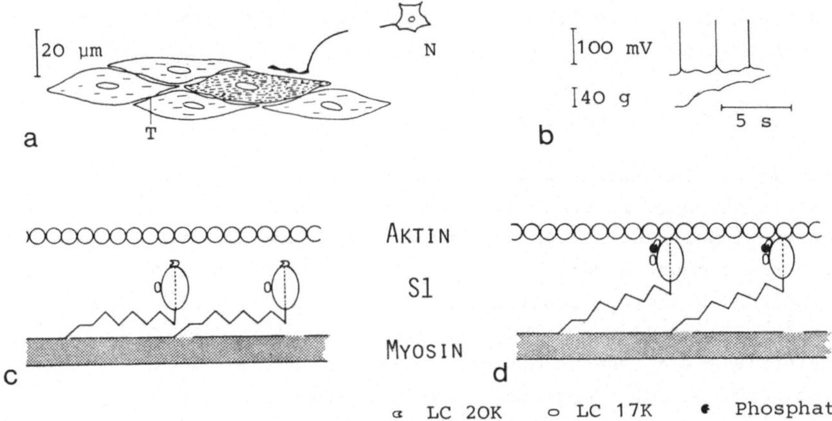

Abb. 8-1 Auslösung einer Kontraktion im glatten Muskel

a) glatte Muskelzellen durch "gap junctions" miteinander verbunden. Schraffiert: Aktive Zelle durch Neuron N moduziert, aktive Zelle generiert als Schrittmacher Aktionspotentiale, die sich über die "gap junctions" auf die anderen Zellen ausbreiten.

b) rasch aufeinanderfolgende Aktionspotentiale im glatten Muskel des Dickdarms (obere Spur) lösen Kontraktionen aus, die sich zu einer Dauerkontraktion (Tonus) überlagern (untere Spur).

c) Schema der molekularen Strukturen im erschlafften Muskel bei einer intrazellulären Calciumionenkonzentration kleiner als 10^{-7} mol · kg^{-1}. Die nicht phosphorylierte leichte Kette blockiert das Anheften des Myosinköpfchens S_1 (Querbrücken) am Aktin.

d) Schema des kontrahierten Muskels. Durch Erregung (Aktionspotentiale) der Zellmembran kommt es zu einer Erhöhung der intrazellulären Calciumionenkonzentration auf 10^{-5} mol · kg^{-1}. Ca^{++} und Calmodulin aktivieren die Myosinkinase, welche die leichte Kette phosphoryliert und so die Bindungsstelle für Aktin freigibt: Bildung von Aktin-Myosin-Querbrücken und Kontraktion.

intermediäre Filamente nachgewiesen werden, die wahrscheinlich als Cytoskelett eine Art Netzwerk zwischen den kontraktilen Einheiten bilden.

8.2 Muskelkraft und Haltearbeit

Auch im glatten Muskel wird die Kraft bei der Anspannung der Muskeln durch Querbrücken zwischen den Myosin- und Aktinfilamenten entwickelt. Obgleich diese Muskeln viel weniger Myosin enthalten als quergestreifte, entwickeln sie - bezogen auf einen einheitlichen Muskelquerschnitt von 1 cm^2 - etwa ebensoviel Kraft, nämlich 30 bis 40 N. Die Muskelkraft - bzw. die Zugkraft an den Aktinfilamenten - hängt offenbar maßgebend von der Anzahl der Myosinbrücken ab, die gleich einer Seilmannschaft mit vereinten (parallelgeschalteten) Kräften jeweils am gleichen Aktinstrang ziehen. Je größer die Überlappungszone zwischen Aktin- und Myosinfilament ist, desto zahlreicher sind die Brücken, die am gleichen Strang ziehen, und umso größer ist die Muskelkraft. So erklärt sich die Riesenkraft der Schließmuskeln einiger Muscheln (150 N/cm^2 Querschnitt), denn ihre Myofilamente - und damit auch die Überlappungszone von Aktin und Myosin - sind 20- bis 50-mal so lang wie bei Skelettmuskeln, und bei diesen und anderen glatten Muskeln ziehen die querbrückentragenden Myosinfilamente an bis zu 15 Aktinsträngen. Die vom Aktin/Myosinsystem entwickelte Kraft wird durch die Aktinfilamente auf das Plasmalemm übertragen. Wir verstehen jetzt auch, warum die Muskelkraft abnimmt, wenn beim Überdehnen des Muskels die Aktinfilamente aus der Anordnung der Myosinfilamente herausgezogen werden, und die Aktin-Myosin-Überlappung abnimmt. In der Tat hängt die Kontraktionskraft des glatten Muskels von der Vordehnung in ganz ähnlicher Weise ab wie die des Skelettmuskels.

Wenn die Schließmuskeln einer Muschel die Muschelschalen gegen den elastischen Widerstand des Schloßligaments geschlossen halten, wenn die Muskeln der Arterienwand unermüdlich dem Blutdruck widerstehen, oder wenn ein glatter Muskel des Darms eine Kontraktionsspannung isometrisch aufrechterhält, so vollbringen diese Muskeln eine Halteleistung, bei der zwar keine "physikalische Arbeit" geleistet wird (das Produkt Hubhöhe mal Last ist Null), wohl aber Haltearbeit. Denn die zyklisch tätigen Querbrücken müssen in jedem Querbrückenzyklus, bei jedem "Ruderschlag" ihre inneren elastischen Strukturen immer wieder neu anspannen. Die hierfür pro Zeiteinheit aufgewendete Energie ist natürlich umso niedriger, je weniger oft die Querbrücken unter Verbrauch eines Moleküls ATP rudern. Bei glatten Muskeln beträgt die Querbrückenruderfrequenz nur etwa 0.1 bis 0.01 Hz.

Jeder Querbrückenzyklus erfordert - wie wir bereits wissen - die Spaltung eines Moleküls ATP. Im glatten Muskel ist die ATP-Spaltungsrate besonders gering: Die ATP-Spaltung erfolgt etwa 100-mal langsamer als bei schnellen Skelettmuskeln, weil die Querbrücken etwa hundertmal langsamer rudern. Da ATP-Verbrauch und ATP-Resynthese durch oxidative Prozesse in einem Fließgleichgewicht sind, ist auch der Sauerstoffverbrauch des glatten Muskels äußerst gering. Der durch den Sauerstoffverbrauch gemessene Energieaufwand zur Aufrechterhaltung einer bestimmten Muskelspannung ist bei glatten Gefäßmuskeln etwa 500-mal kleiner und bei den im Sperrtonus verharrenden Schließmuskeln von Muscheln sogar 1000-mal kleiner als beim raschen Skelettmuskel. Da die Querbrücken der langsamen glatten Muskeln so langsam rudern und ATP spalten, sind sie trotz hoher Kraftentwicklung Energiesparer. Sie sind halteökonomisch und kommen überall da ins Spiel, wo langdauernde, unermüdliche Halteleistung gefordert wird: Man denke nur an die langdauernden Kontraktionen der Eingeweide, der Schließmuskeln von Muscheln, und der Blutgefäße, die unermüdlich dem Blutdruck widerstehen, und an die glatten Muskeln des Hautmuskelschlauches von Anneliden, deren Kontraktionszustand maßgebend Form und Turgor dieser Tiere bestimmt.

8.3 Kontraktionsgeschwindigkeit

Glatte Muskelzellen können sich durch Übereinandergleiten ihrer Aktin- und Myosinfilamente außerordentlich stark verkürzen, doch ist die Verkürzungsgeschwindigkeit 10- bis 100-mal geringer als bei den Skelettmuskeln. Wie bei den quergestreiften Muskeln ist die Verkürzungsgeschwindigkeit im unbelasteten Zustand am größten, und sie nimmt mit zunehmender Belastung in hyperbolischer Weise ab. Wie bei quergestreiften Muskeln verüben die Myosinquerbrücken während ihrer zyklischen Rudertätigkeit eine Zugkraft auf die Aktinfilamente, die sich infolgedessen gegenüber dem Myosinfilament verschieben. Da die Verschiebebewegung (etwa 10 nm) sehr gering ist, können nur durch wiederholtes Rudern bzw. durch wiederholtes Anfassen und Loslassen der zyklisch tätigen Brücken die Aktinfilamente über eine größere Distanz gezogen werden, etwa so wie eine Seilmannschaft ein Tau nur durch wiederholtes Nachgreifen zu sich heranzieht. Die Verkürzung der Muskeln durch Gleiten von Aktin- und Myosinfilamenten erfolgt nach dieser Vorstellung um so schneller, je öfter pro Zeiteinheit die Myosinquerbrücken den Anfaß- Loslaßzyklus ausführen, d.h. je schneller sie rudern. Da jeder Zyklus die Spaltung eines ATP-Moleküls erfordert, sind ATP-Spaltungsrate und maximale Kontraktionsgeschwindigkeit der Muskeln korreliert. Glatte Muskeln verkürzen sich in der Regel sehr viel langsamer als quergestreifte Muskeln, weil die ATP-Spaltungsgeschwindigkeit ihrer kontraktilen Proteine so außerordentlich gering ist.

Die im Vergleich zum Aktomyosin des Skelettmuskels kleine ATPase-Aktivität der Aktomyosine glatter Muskulatur ist wahrscheinlich durch strukturelle Besonderheiten des Myosinmoleküls vorprogrammiert: Myosin aus glatter Muskulatur unterscheidet sich von Skelettmuskelmyosin immunologisch und insbesondere auch durch die Zusammensetzung der leichten Ketten. An jedem Myosinköpfchen des glatten Muskels haften je zwei leichte Peptidketten mit Molekulargewichten von 17 000 und 20 000 Dalton.

8.4 Erregungs-Kontraktions-Koppelung: Steuerung der Kontraktilität durch Calciumionen und zyklische Nucleotide

Wie bei quergestreiften Muskeln, so erfolgt auch bei glatten Muskeln die intrazelluläre Steuerung der Kontraktion des Aktomyosinsystems durch Calciumionen. Calciumionen sind gleichsam die intrazellulären Botenstoffe, die den "Befehl zur Kontraktion" von der erregten bzw. gereizten Muskelzellmembran zu den in der Tiefe der Zelle gelegenen kontraktilen Aktomyosinstrukturen übermitteln. (Erregungs-Kontraktions-Koppelung): Nach einer Muskelreizung erhöht sich die intrazelluläre Calciumionenkonzentration von etwa 10^{-8} molar auf etwa 10^{-5} molar, weil bei der Erregung vermehrt Calciumionen von intrazellulären Bindungsplätzen freigesetzt werden oder durch die Zellmembran in die Zelle strömen: Wenn die extrazellulären Calciumionen dem glatten Muskel durch Calciumchelatbildner entzogen werden, oder wenn der Calciumeinstrom durch "Calciumantagonisten" genannte Pharmaka blockiert wird, so kann der Muskel bei erregter Zellmembran meist nicht mehr kontrahieren (Elektromechanische Entkoppelung). Zur Zeit ist es noch strittig, ob auch im glatten Muskel ein Troponinähnlicher "Calciumschalter" der Angriffspunkt für die Calciumionen darstellt, oder ob die Rolle des Schalters von der leichten (20 000 Dalton) Peptidkette des Myosins übernommen wird, wofür neuere Befunde sprechen (Abb. 8-1 c und d).

Die leichte (20 000 Dalton) Kette des Myosins wird durch ATP und ein besonderes Enzym, die Myosinkinase phosphoryliert, und durch eine Phosphatase wieder dephosphoryliert. Im dephosphorylierten Zustand sind die Myosinköpfchen unfähig, mit dem Aktin Querbrücken zu bilden. Dieser Zustand herrscht in erschlafften glatten Muskeln vor, wenn die Aktomyosin-ATPase gehemmt ist. Zu Beginn einer Kontraktion wird die Aktomyosin-ATPase aktiviert, indem durch das Enzym Myosinkinase eine Phosphatgruppe vom ATP auf die regulatorische leichte Kette des Myosins übertragen wird, ein Prozeß, der durch die bei der Erregung intrazellulär freigesetzten Calciumionen und einen Calcium-bindenden Eiweißkörper katalysiert wird. Solange die Calciumionenkonzentration über 10^{-5} molar ist - wie etwa in den Zellen erregter glatter Muskeln, solange dominiert die phosphatübertragende Kinase über die antagonistisch wirkende Phosphatase. Sobald jedoch die Calciumionen bei der Erschlaffung des glatten Muskels ins sarkoplasmatische Retikulum aufgenommen werden, wird die Kinase gehemmt. Jetzt dominiert die Phosphatase, welche die leichte Kette schnell dephosphoryliert und damit die Aktin-Myosin-Wechselwirkung unmöglich macht. Der Muskel erschlafft.

Nach neueren Erkenntnissen kann die Kinase jedoch nicht nur durch Calciumentzug gehemmt werden, sondern auch dadurch, daß sie selbst phosphoryliert wird. Dieser Hemmprozeß der Kontraktion wird durch eine von zyklischem Adenosinmonophosphat (cAMP) gesteuerte "Kinase" katalysiert. Möglicherweise erklärt dies, warum intrazelluläre Injektion von cAMP den glatten Muskel relaxiert, und warum Pharmaka wie Papaverin - die den cAMP-Abbau hemmen und dadurch den cAMP-Spiegel im glatten Muskel ansteigen lassen - den glatten Muskel relaxieren. Vielleicht wirkt cAMP aber auch dadurch, daß es die Wiederaufnahme der Calciumionen ins sarkoplasmatische Retikulum bzw. deren Ausschleusung durch die Zellmembran fördert. Im Vergleich zum quergestreiften Muskel erschlafft der glatte Muskel äußerst langsam, weil die Calciumionen vom spärlich entwickelten sarkoplasmatischen Retikulum nur langsam aufgenommen oder durch die Zellmembran ausgeschleust werden.

Die verschiedenen Aktivierungsmechanismen, die letztlich über eine Erhöhung der sarkoplasmatischen Calciumionenkonzentration die Kontraktion des glatten Muskels auslösen, lassen sich nach ihrer Wirkung auf die Zellmembran in verschiedene Gruppen einteilen:

1. Gewisse Pharmaka bewirken ohne Veränderungen eines elektrischen Potentials der Zellmembran eine Kontraktion durch direkte Pharmakomechanische Koppelung (Somlyo). Beispielhaft erwähnen wir hier die Wirkung von Noradrenalin auf die Gefäßmuskulatur der Lungen- und Ohr-Arterie, sowie die Acetylcholinwirkung auf die durch Kaliumionen depolarisierte Darmmuskulatur des Meerschweinchens.

2. Kontraktur nennen wir eine Kontraktion, die durch längerdauernde Depolarisation der Zellmembran ausgelöst wird, z.B. die Adrenalin-induzierte Kontraktion der Muskeln großer Blutgefäße und die Kaliumkontrakturen glatter Muskeln.

3. Zuckungen sind flüchtige Kontraktionen, die durch eine flüchtige Membranerregung (Aktionspotential) bewirkt werden. Wegen der Trägheit glatter Muskeln dauern die Einzelzuckungen bei der glatten Muskulatur der Gefäße, des Uterus oder des Darmes schon bei Aktionspotentialfrequenzen unter 1 Hz zu einem mehr oder weniger vollständigen Tetanus, den wir "Tonus" nennen (Abb. 8-1 b).
Bei der Aufrechterhaltung der tonischen Dauerspannung von Gefäßmuskeln (Arteriolen) oder des Samenleiters werden die miteinander verschmelzenden Einzelzuckungen durch Aktionspotentiale ausgelöst, die ähnlich wie im Skelettmuskel durch die Nervenimpulse

der innervierenden motorischen Neurone ausgelöst werden: Neurogener Tonus.
Hingegen werden im glatten Muskel des Magens, des Ureters der Gebärmutter und des Darmes, aber auch in vielen Blutgefäßmuskeln (z.B. der Pfortader) die Aktionspotentiale nicht durch Nervenimpulse ausgelöst, sondern sie entstehen - ähnlich wie im Herz - in einem muskulären Schrittmacher. Die Dauerkontraktion dieser Muskeln heißt deshalb myogener Tonus. Die Charakteristika des neurogenen und myogenen Tonus sollen nun noch im einzelnen beschrieben werden.

8.5 Der "neurogene Tonus" der Gefäßmuskeln

Der Blutdruck des Menschen hängt sehr weitgehend von der Weite der kleinsten Blutadern (Arteriolen), und damit vom Strömungswiderstand ab, gegen den das Herz das Blut durch das Gefäßsystem pumpen muß. Verengen sich die Gefäße infolge von Kontraktion des glatten Muskels, so muß der Blutdruck ansteigen. Zumeist befinden sich die glatten Muskeln der Arteriolen in einem Zustand stärkerer oder schwächerer Dauerkontraktion, der durch die unwillkürliche Aktivität der innvervierenden motorischen Neurone des Sympathicus reguliert wird. In Arteriolen haben die Sympathicusnervenfasern jedoch nicht mit allen glatten Muskelzellen direkten Kontakt; doch kann sich die Erregung von den kontrahierten erregten Zellen über die schon erwähnten Zellverbindungen (Nexus), "gap junctions" auf die anderen glatten Muskelzellen ausbreiten.
Die Nervenfasern des Sympathicus leiten Impulse oder Aktionspotentiale, die an den Nervenendigungen Noradrenalin freisetzen, das als Botenstoff oder Überträgerstoff zu den glatten Muskelzellen diffundiert. Es wird dort von speziellen Rezeptormolekülen der Zelloberfläche, den α-Rezeptoren gebunden. Unter Rezeptor verstehen wir spezifische Membranstrukturen, an denen eine chemische Substanz (z.B. ein neurohumoraler Überträgerstoff oder ein Hormon) angreift, um seine Zellwirkung zu entfalten.

Nach Verbindung mit dem Rezeptor bewirkt Noradrenalin vermutlich eine ganze Sequenz von Vorgängen, die schließlich zu einer Erhöhung der intrazellulären Ca-Ionenkonzentration führen: Ein einzelner Nervenimpuls verursacht nur eine geringe Ausschüttung von

Noradrenalin, das vorübergehend zu einer geringen elektrischen Entladung der Muskelzellmembran (Depolarisation) führt. Meist löst ein einzelner Impuls noch keine Kontraktion aus, nur eine Salve rasch aufeinanderfolgender Impulse ist wirksam: die minimalen Effekte der aufeinanderfolgenden Nervenimpulse summieren sich nämlich, bis die Membranpotentialänderung so groß ist, daß die "Tore" für Na-Ionen geöffnet werden und ein Aktionspotential entsteht. Wenn die kritische Membranpotentialstelle überschritten wird, strömen rasch positiv geladene Ionen, insbesondere Na-Ionen und Ca-Ionen aus dem extrazellulären Raum in das Zellinnere und bewirken, daß das Membranpotential zusammenbricht und sich schließlich umkehrt. Jetzt ist das Zellinnere negativ gegenüber der Zellaußenseite. Dieser Zustand dauert allerdings nur wenige Millisekunden, weil kurz darauf die Membrantore für Na^+ geschlossen werden und vermehrt positive Ionen vom Zellinneren in den Extrazellularraum fließen. Aktionspotentiale sind deshalb flüchtig und lösen auch nur einen kurzdauernden Ca^{2+}-Einstrom aus, der seinerseits eine flüchtige Kontraktion, eine Zuckung bewirkt.
Nur wenn die von Aktionspotentialen begleiteten Kontraktionen rasch aufeinanderfolgen, überlagern sie sich zur Dauerkontraktion. Bei vielen glatten Muskeln dauert die durch ein Aktionspotential ausgelöste Einzelzuckung mehrere Sekunden. Wegen ihres trägen Verlaufs überlagern sich zwei im Abstand von weniger als 2 s aufeinanderfolgende Einzelzuckungen und sie verschmelzen schon bei Frequenzen unter 1 pro s zur tetaniformen Dauerkontraktion, der sich vom Tetanus quergestreifter Muskeln durch die niedrige Verschmelzungsfrequenz und durch die niedrige Frequenz der begleitenden Aktionspotentiale unterscheidet. Je größer die Impulsfrequenz des Sympathicus ist, umso größer ist auch die Wahrscheinlichkeit, daß überhaupt Aktionspotentiale ausgelöst werden und damit Kontraktionen, die zu einer Dauerkontraktion verschmelzen können. So wird verständlich, warum die Kontraktionsstärke der glatten Muskeln unserer Blutgefäße und damit der Blutdruck von der Aktivität (= Impulsfrequenz) des Sympathicus abhängt. Blutdrucksenkend wirken daher Pharmaka, welche die Aktivität des Sympathicus dämpfen, etwa das auf das Zentralnervensystem einwirkende Clonidin, oder Hemmstoffe des Sympathicus, die, wie beispielsweise Pentolamin, den Angriff des Sympathicusüberträgerstoffs Noradrenalin an seinen spezifischen Rezeptoren an der Zellober-

fläche blockieren. Da die Erregung von den Nervenendigungen des Sympathicus auf die glatten Muskelfasern durch den Überträgerstoff Noradrenalin, übertragen wird, verwundert es uns nicht, daß die glatten Muskeln auch bei direkter Applikation des Überträgerstoffs kontrahieren. Man denke nur an die von einem Blutdruckanstieg begleitete Gefäßkonstriktion nach Injektion von Noradrenalin oder Adrenalin oder nach Ausschüttung dieser Hormone aus dem Nebennierenmark bei starker Erregung. Völlig überraschend war jedoch, daß Adrenalin in kleinen Konzentrationen nicht kontrahierend, sondern erschlaffend auf die Gefäßmuskeln einwirkt. Verständlich wird dieser paradoxe Effekt erst mit der Entdeckung, daß in diesem Fall das Adrenalin nicht an α-Rezeptoren angreift, sondern an den sogenannten β-Rezeptoren der Gefäßmuskelzellmembran, die eine gefäßerweiternde Wirkung auslösen. Diese "β-adrenerge" Gefäßdilatation wird meist nicht von Veränderungen des Zellmembranpotentials begleitet, und sie wird möglicherweise durch einen Anstieg der zellulären Konzentration zyklischer Nucleotide (cAMP) verursacht. Natürlich kann die direkte Wirkung von Adrenalin und Noradrenalin auf glatte Muskulatur auch an isolierten Präparaten im Organbad untersucht werden, z.B., um spezifische Hemmstoffe zu finden, die die Angriffspunkte der α- oder β-Rezeptoren durch "α-" bzw. "β-Blockade" hemmen, oder die als Calciumantagonisten die Erregungs-Kontraktions-Kopplung blockieren.

8.6 Myogener Tonus und Motorik der glatten Muskeln der Eingeweide

Die Muskeln des Darmes, des Harnleiters, des Magens und der Gebärmutter können sich auch nach ihrer Isolierung vom Nervensystem spontan rhythmisch kontrahieren. Während dieser Kontraktionen können in den Muskelzellen mit Hilfe von intrazellulären Elektroden Aktionspotentiale abgeleitet werden, die jedoch nicht durch Nervenimpulse ausgelöst werden, sondern spontan in sogenannten Schrittmacherzellen entstehen. Von den Schrittmacherzellen breiten sich dann die Aktionspotentiale über den ganzen Muskel aus, wobei die Erregung die Zellgrenzen über die schon erwähnten niederohmigen interzellulären Kontaktstellen (Nexus) springt, so daß alle Muskelzellen beinahe synchron wie eine einzige Funktionseinheit kontrahieren. Je höher die Frequenz der Aktionspotentiale ist, umso mehr überlagern sich die Einzelzuckungen zu einer ausgeprägten Dauerkontraktion. Die Frequenz der Aktionspotentiale in den Schrittmacherzellen kann durch das vegetative Nervensystem und seine Überträgerstoffe moduliert werden: Bei Reizung des Nervus vagus oder bei direkter Applikation des vagalen neurohumoralen Überträgerstoffes Acetylcholin werden die Schrittmacherzellen etwas depolarisiert, wobei sie vermehrt feuern, so daß der glatte Muskel verstärkt kontrahiert. Umgekehrt senkt Reizung des Sympathicus bzw. die Applikation des sympathischen Überträgerstoffes Noradrenalin die Frequenz der Aktionspotentiale und damit den Muskeltonus. Die Aktivität der Schrittmacherzelle wird jedoch nicht nur durch den Einfluß des vegetativen Nervensystems gesteuert, sondern unterliegt auch spontanen Schwankungen. So sind periodische Schwankungen des spontanen muskulären Tonus im Sekunden- oder Minutenbereich durch spontane Aktivitätsänderungen der Schrittmacherzellen bedingt.

Die spontane Aktivität des glatten Muskels kann auch durch Dehnung verstärkt werden, weil bei zunehmender Dehnung die Schrittmacherzellen zunehmend depolarisiert und dadurch die Frequenz der Aktionspotentiale immer mehr erhöht wird. Diese dehnungsreaktive Kontraktion ist wahrscheinlich von Bedeutung für die Darmmotorik und die automatisch verstärkte Kontraktion der Muskeln von Blutgefäßen der Niere nach Erhöhung des Blutdrucks (Autoregulation). Ohne solche dehnungsreaktiven Kontraktionen würde der glatte Muskel beim Versuch einer Dehnung mit nur geringem Spannungsanstieg plastisch nachgeben. Man denke zum Beispiel an die plastische Nachgiebigkeit der Harnblase, die beim Füllen einen übermäßigen Anstieg des Binnendruckes verhindert.

Auch Hormone spielen für die Steuerung der Kontraktilität glatter Muskulatur eine wichtige Rolle. Gut untersucht ist die Gebärmutter: Östrogen ist notwendig, damit sich in der glatten Muskulatur des Uterus überhaupt Aktomyosin bilden kann; es garantiert die normale Erregbarkeit der Zellmembran und ermöglicht spontane rhythmische Kontraktionen. Solche "Wehen" werden während der Schwangerschaft durch ein anderes Hormon, das Progesteron, verhindert, welches die Erregbarkeit der glatten Muskeln und die Ansprechbarkeit auf das "Wehenhormon" das Hypophysenhinterlappenhormon Oxytocin senkt.

Der schlagartig einsetzende Abfall des Progesteronspiegels im Blut am Ende der Schwangerschaft und die damit verbundene Zunahme der Erregbarkeit der glatten Muskeln ist wahrscheinlich einer der wesentlichen Faktoren, welche das Einsetzen der Wehen zu Beginn der Geburt ermöglichen.

8.7 Phasische und tonische Kontraktion der glatten Muskeln von Mollusken; Sperrtonus

Beim Pharynxretraktor der Schnecke und dem Schließmuskel der Muschel können einzelne Nervenimpulse eine Zuckung auslösen. Wiederholte Impulse der motorischen Nerven bewirken eine Überlagerung der Zuckungen zu einer tetaniformen Kontraktion, die einer schnellen und vollständigen Erschlaffung weicht, wenn die Erregung aufhört. Diese Kontraktionsform nennt man auch "phasisch" im Gegensatz zur langandauernden "tonischen" Kontraktion dieser Muskeln: Reizung mit Acetylcholin bewirkt eine tonische Kontraktion der Schließmuskeln oder des Byssusretraktormuskels der Miesmuschel, die nach Aufhören der Reizung und der Muskelerregung nicht von einer schnellen und vollständigen Erschlaffung gefolgt ist. Vielmehr verharren die Muskeln dann wie "eingefroren" in einem starreähnlichen Zustand, der Sperrtonus genannt wird (catch), in welchem die tonischen Haltemuskeln eine hohe Muskelspannung bei geringstem Energieumsatz unermüdlich aufrechterhalten. Der starreähnliche Zustand weicht erst nach Einwirkung hemmender Nervenimpulse oder deren Überträgerstoff Serotonin einer raschen Muskelrelaxation.

Weiterführende Literatur

Eine ausführlichere Darstellung des Themas (mit Bibliographie) gibt das Buch "Muscle Physiology" (1974) von F.D. Carlson und R.D. Wilkie (170 Seiten, erschienen bei Prentice-Hall Inc., Englewood Cliffs, New Jersey, USA).
In einem so dünnen Buch wie diesem ist es ganz unmöglich, jedes aufgeführte Faktum mit ausführlichen Literaturangaben zu belegen. Informationen über die wissenschaftlichen Arbeiten zu verschiedenen ausgewählten Themen finden sich in den jüngsten Übersichtsartikeln. Besonders empfehlenswert ist die Arbeit von Sir Andrew Huxley im Journal of Physiology (1974), 243, 1-43, die viele Aspekte der Physiologie der Muskelfasern (mit ausführlichen Literaturangaben) behandelt. Das sehr umfangreiche, trotzdem aber sehr lesenswerte Buch "Machina Carnis" von Dorothy Needham (erschienen 1971 bei Cambridge University Press, 782 Seiten), enthält eine umfangreiche Bibliographie von den Anfängen der Biochemie des Muskels bis zu den neueren Werken.
"Trails and Trials in Physiology" von A.V. Hill (erschienen 1965 bei Edward Arnold, 374 Seiten) enthält eine ausführliche Bibliographie und nützliche praktische Informationen über Experimente am lebenden Muskel. Die Zeitschrift "Scientific American" bringt ausgezeichnete Artikel mit Literaturhinweisen zur Molekularbiologie der Kontraktion (J.M. Murray und Annemarie Weber (Februar 1974), Carolyn Cohen (November 1975)).

Die wohl umfangreichste gebundene Ausgabe neuerer Forschungsarbeiten findet sich in "Cold Spring Harbor Symposia on Quantitative Biology" (1972), Band 37.

Die "Muscular Dystrophy Associations of America Inc., 810 7th Avenue, New York, NY 10019, veröffentlicht Abstracts der Forschungsarbeiten zu allen Aspekten der Muskelfunktion und von Muskelkrankheiten.

Als Taschenbuch in der Reihe "Physiologie des Menschen", Band 4, liegt vor: W. Hasselbach und K. Kramer: "Muskel", Urban & Schwarzenberg, München, Berlin, Wien 1975.

Im Text angeführte Literatur

HUXLEY, A.F. (1957). Muscle structure and theories of contraction. Progress in Biophysics, 7, 255-318

HUXLEY, A.F. und NIEDERGERKE, R. (1954). Structural changes in muscle during contraction. Nature, 173, 971-973

HUXLEY, H.E. und HANSON, J. (1954). Changes in the cross-striations of muscle during contraction and stretch and their structural interpretation. Nature, 173, 973-976.

Sachregister

Teubner Studienbücher Fortsetzung

Geographie

Bahrenberg/Giese: **Statistische Methoden und ihre Anwendung in der Geographie**
308 Seiten. DM 32,–

Boesler: **Politische Geographie**
250 Seiten. DM 29,80

Born: **Geographie der ländlichen Siedlungen**
Band 1: Die Genese der Siedlungsformen in Mitteleuropa
228 Seiten. DM 28,–

Dongus: **Die geomorphologischen Grundstrukturen der Erde**
200 Seiten. DM 28,80

Heinritz: **Zentralität und zentrale Orte**
Eine Einführung
179 Seiten. DM 26,80

Herrmann: **Einführung in die Hydrologie**
151 Seiten. DM 25,80

Kuls: **Bevölkerungsgeographie**
Eine Einführung
240 Seiten. DM 29,80

Müller: **Tiergeographie**
Struktur, Funktion, Geschichte und Indikatorbedeutung von Arealen
268 Seiten. DM 29,80

Müller-Hohenstein: **Die Landschaftsgürtel der Erde**
2. Aufl. 204 Seiten. DM 28,–

Rathjens: **Die Formung der Erdoberfläche unter dem Einfluß des Menschen**
Grundzüge der Anthropogenetischen Geomorphologie
160 Seiten. DM 25,80

Rathjens: **Geographie des Hochgebirges**
Band 1: Der Naturraum
210 Seiten. DM 28,80

Semmel: **Grundzüge der Bodengeographie**
2. Aufl. 123 Seiten. DM 26,80

Weischet: **Einführung in die Allgemeine Klimatologie**
Physikalische und meteorologische Grundlagen
2. Aufl. 256 Seiten. DM 29,80

Windhorst: **Geographie der Wald- und Forstwirtschaft**
204 Seiten. DM 28,80

Wirth: **Theoretische Geographie**
Grundzüge einer Theoretischen Kulturgeographie
336 Seiten. DM 32,–

Preisänderungen vorbehalten